q-정수의 세계와 그 응용

김태균 · 박홍경 · 유천성
임석훈 · 장이채 지음

KYOWOO CO. Publishing
教友社

머 리 말

p-진 수의 개념과 비아르키메디언 해석학에 관한 흥미로운 이론들이 바흐만(Bachman, 1964)에 의해 취급되었다. 그 이후 크레니코프(Khrennikov, 1991)는 p-진 수와 이와 관련된 함수의 연속성, 미적분을 고려하여 정수론 분야의 많은 문제 등을 연구하였다. 이를 토대로 블라디미로프, 볼로비치, 젤레노프(Vladimirov, Volovich, & Zelenov, 1994)들은 수리물리학에 응용될 수 있는 비아르키메디언 노름과 불변측도의 개념을 정의하여 비아르키메디언 미적분의 성질들을 조사하고 구체적인 계산 방법들을 개발하였다. 본 저자들은 비아르키메디언 해석학 입문(2004, 교우사)을 통해, 새로운 수의 개념인 p-진 수를 다루었으며, p-진 수에 대한 기초 이론 및 비아르키메디언 해석학에 대한 여러 가지 이론 및 응용분야를 소개하였다.

비아르키메디언 입문을 토대로 개발된 여러 가지 새로운 사실들을 소개할 필요성을 느껴, 이 책을 구성하게 되었다. 제 1장에서는 p-진 수에 관한 기초이론인 비아르키메디언 노름에 관하여 서술하였다. 제 2장에서는 비아르킨메디언 위상에 관한 기초이론, 해석적 함수에 관련된 대수적 성질들, 디리클레 지표 및 감마 함수에 관한 정의 및 기본 성질들, 비아르키메디언 불변적분에 관한 기초이론들을 다루었으며, 김의 비아르키메디언 q-적분을 소개하였다. 제 3장에서는 기초 준비단계로서 연속된 정수의 멱승에 관한 여러 가지 유명한 사례들을 서술하고, 멱승의 합을 구하는 가장 일반적이고 효과적인 방법들을 소개하였다. 제 4장에서는 p-진 q-정수에서 가장 많이 활용되고 있는 베르누이 수에 관한 기초 준비단계에 필요한 베르누이 수, 베르누이 다항식, Riemann 제타함수, Dedekind 제타함수, 오일러 수, 오일러 다항식에 관한 성질들을 소개하였다. 제 5장은 이 책의 자장 중요한 이론인 q-정수에 관하여 소개하였다. 이 장에서는 기초 준비단계로 q-정수의 기본 성질들을 소개하고, q-베르누이 다항식, q-베르누이 수에 관하여 서술하였으며, 연속된 q-정수에 대한 n-제곱의 합에 관한 새로운 사실들을 소개하였다. 제 6장은 지금까지 전개된 이론들을 토대로 q-오일러수 및 응용에 관하여 서술하였다. 이 장에서는 q-오일러 수, 확장된 고위 q-오일러 수에 관한 성질들, 확장된 고위 q-오일러 다항식의 생성함수들에 관련된 성질들을 다루었다. 제 7장에서는 q-정수에 관한 이론들을 총정리하고 이와 관련된 성질들을 소개하였다.

본 저서는 비아르키메디언 해석학의 저변확대를 위해서 비아르키메디언 해석학 입문에서 다루지 못한 새로운 연구성과들을 바탕으로 저술된 두 번째 저서이다. 따라서 이 책의 잘못된 부분에 대해서는 독자의 서슴없는 지적이나 의견들을 겸허하게 수용하고자 한다.

이 책이 국내의 p-진 수 이론 및 비아르키메디언 해석학의 연구를 보다 활발하게 만드는 계기가 된다면 저자들에게는 큰 보람일 것이다. 끝으로 출판해 주신 교우사 오판근 사장님께 감사를 드린다.

2006년 9월

저자일동

차 례

1 비아르키메디언 노름

1.1 p-진 수

실수 a의 절대값 $|a|$는

$$|a| = \begin{cases} a, & a \geq 0 \\ -a, & a < 0 \end{cases}$$

로 정의된다. 그러면 $|\cdot|$는 다음 성질을 만족한다.

(i) $|a| \geq 0$이고 $|a| = 0$일 필요충분조건은 $a = 0$,

(ii) (삼각부등식) $|a \pm b| \leq |a| + |b|$,

(iii) $|ab| = |a||b|$,

(iv) $n = 0, 1, 2, \cdots$ 에 대해 $|na| = n|a|$.

이러한 의미에서 $|\cdot|$는 아르키메디언 노름(Archimedean norm)이다. 이 절에서는 비아르키메디언 노름(Non-Archimedean norm)을 고려한다. 앞으로 $\mathbb{N}, \mathbb{Z}, \mathbb{Q}, \mathbb{R}, \mathbb{C}$를 각각 자연수, 정수, 유리수, 실수, 복소수의 집합으로 표기하자.

[정의 1.1.1] p를 소수라 하자. 이 때 p-진 노름(p-adic norm)이란 함수

$$|\cdot|_p : \mathbb{Q} \to \mathbb{R}^+ = [0, \infty], \quad |x|_p = \begin{cases} p^{-r}, & x = p^r \dfrac{m}{n} \\ 0, & x = 0 \end{cases}$$

을 말한다. 단, $(p, m) = (p, n) = 1$이고 $m, n, r \in \mathbb{Z}$이다.

정의로부터 다음이 성립함을 보일 수 있다 ([1], pp.8-9):

(i) $|x \pm y|_p \leq \max\{|x|_p, |y|_p\}$,

(ii) $|xy|_p \leq |x|_p |y|_p$.

(i)의 성질은 $|\cdot|_p$가 비아르키메디언 노름임을 의미한다. $|\cdot|_p$에 관한 $\mathbb{Q}$의 완비화를 $\mathbb{Q}_p$로 나타내고 이를 p-진 유리수체(the field of p-adic rational numbers)라고 한다. 또한 $\mathbb{Q}_p$의 대수적 닫힘의 완비화는 $\mathbb{C}_p$로 표기하고

$$\mathbb{Z}_p = \{x \in \mathbb{Q}_p \,\|x|_p \leq 1\}$$

는 p-진 정수환(the ring of p-adic integers)이라 한다.

■ **예제 1.1.1** $|3|_5 = |2|_5 = 1$이고 $|5|_5 = \dfrac{1}{5}$이므로

$$|3+2|_5 = \frac{1}{2} < 1 = max\{|3|_5, |2|_5\}$$

이다.

[정의 1.1.2] K를 항등원(단위원) 1을 가진 가환환이라 하자. 함수 $v: K \to \mathbb{R}^+$가 의부치(pseudo-valuation)란 모든 $a, b \in K$에 대해

(i) $v(a) = \begin{cases} = 0, & a = 0 \\ > 0, & a \neq 0 \end{cases}$

(ii) $v(a \pm b) \leq v(a) + v(b)$

(iii) $v(ab) \leq v(a)v(b)$

을 만족할 때이다. 특히, (ii)보다 강한 조건

(ii)′ $v(a \pm b) \leq \max\{v(a), v(b)\}$

을 만족하는 의부치는 비아르키메디언이라 한다. 그렇지 않으면 아르키메디언이라 한다. 더욱이 (iii)보다 강한 성질

(iii)′ $v(ab) = v(a)v(b)$

을 만족하는 v는 부치(valuation)라고 한다.

[정의 1.1.3] v가 K위의 의부치라 하자. 수열 $\{a_n\} \in K$가 v-유계(v-bounded)란 모든 n에 대해 $v(a_n) \leq C$인 상수 $C > 0$가 존재할 때이다. 또한

$$\lim_{m, n \to \infty} v(a_m - a_n) = 0$$

을 만족할 때 그러한 $\{a_n\}$는 기본수열(fundamental sequence)이라 하고 v-수렴한다(v-convergent)고 한다. 특히 $\lim_{n \to \infty} v(a_n) = 0$이면 영수열(null sequence)이라 하고 v-극한이 0이라고도 한다.

실수의 극한의 정의로부터 다음은 명백하다. $\{a_n\}$이 영수열일 필요충분조건은 임의의 $\epsilon > 0$에 대해 ϵ에만 의존하는 자연수 $p(\epsilon)$가 존재하여 모든 $n \geq p(\epsilon)$에 대해 $v(a_n) < \epsilon$을 만족할 때이다. 보다 일반으로, $\{a_n\}$이 기본수열일 필요충분조건은 임의의 $\epsilon > 0$에 대해 ϵ에만 의존하는 자연수 $q(\epsilon)$가 존재하여 모든 $m, n \geq q(\epsilon)$에 대해 $v(a_m - a_n) < \epsilon$을 만족할 때이다. 이제 모든 기본수열 $\{a_n\}$, $a_n \in K$의 집합을 $\{K\}_v$로 표기하자.

[정의 1.1.4] 임의의 두 수열 $\{a_n\}, \{b_n\} \in \{K\}_v$의 합, 차와 곱을 각각

$$\{a_n\} \pm \{b_n\} = \{a_n \pm b_n\},\ \{a_n\}\{b_n\} = \{a_n b_n\}$$

으로 정의한다.

다음은 명백하다.

[정리 1.1.5]

(i) 모든 기본수열은 v-유계이다.

(ii) 모든 영수열은 기본수열이다.

(iii) $\{a_n\}, \{b_n\}$이 기본수열이면 $\{a_n\} \pm \{b_n\}, \{a_n\}\{b_n\}$도 기본수열이다.

정리 1.1.5 (iii)으로부터 $\{K\}_v$는 가환환이 된다. 또한 덧셈과 곱셈의 항등원은 각각

$$\{0\} = \{0, 0, 0, \cdots\}, \quad \{1\} = \{1, 1, 1, \cdots\}$$

이다. $\{1, 0, 0, \cdots\}\{1, 1, 1, \cdots\} = \{0\}$ 이다. 즉, 영의 약수인 예를 가지기 때문에 일반적으로 $\{K\}_v$는 체가 아니다. 임의의 $a \in K$에 대해 $\{a\} = \{a, a, a, \cdots\}$는 기본수열이다. 따라서 $\{K\}_v$는 부분환으로서 K와 동형인 환을 포함한다. 더욱 중요한 것은 영수열로 구성된 집합을 P라 하면 P는 $\{K\}_v$의 이데알이다.

[정의 1.1.6] 두 수열 $\{a_n\}, \{b_n\} \in \{K\}_v$가 법 P에 관해 합동(congruent module P)이란 $\{a_n\} - \{b_n\} \in \{K\}_v$일 때이다. 이를 $\{a_n\} = \{b_n\} \pmod P$, 또는 간단히 $\{a_n\} \equiv \{b_n\}$로 나타낸다.

$\equiv$ 는 $\{K\}_v$에서 동치관계임은 쉽게 보일 수 있다. 따라서 상집합

$$K_v = \{K\}_v / P$$

을 고려할 수 있다.

[정의 1.1.7] $A, B \in K_v$라 하자. $\{a_n\}, \{b_n\}$이 각각 A, B의 기본수열이라 하면 합과 곱 $A \pm B$와 AB는 각각 $\{a_n\} \pm \{b_n\}$와 $\{a_n\}\{b_n\}$을 포함하는 잉여류로 정의한다.

$A \pm B$와 AB는 잘 정의된다. 따라서 K_v는 가환환을 이룬다. 만약 $\{a_n\}$의 잉여류를 $(a) \in K_v$로 표기하면

$$(a) \pm (b) = (a \pm b), \quad (a)(b) = (ab)$$

로 표현된다. 따라서 K_v는 K와 동형인 부분환을 포함한다. 다음 사실이 성립한다 ([1], pp.24-25).

> **[정리 1.1.8]** K가 체이고 v가 부치이면 K_v는 체이다.

실수체 $\mathbb{R}$의 사칙연산은 소수에 의해 표현된다. 마찬가지로 $\mathbb{Q}_p$에 대해서도 표준(canonic) 급수에 의해 핸켈(Hancel) 형태로 나타낼 수 있다. 즉 모든 p-진 수 A, $|A|_p = p^f$는

$$\begin{aligned} A &= a_{-f}p^{-f} + a_{-f+1}p^{-f+1} + \cdots + a_0 + a_1 p + a_2 p^2 + \cdots \\ &= a_{-f}a_{-f+1} \cdots a_0, a_1 a_2 \cdots \ (p) \end{aligned}$$

여기서 계수 a_n은 숫자 $0, 1, \cdots, p-1$이고 $a_{-f} \neq 0$이다. 특히, A가 p-진 정수이면 p의 음의 멱의 항은 없기 때문에

$$A = a_0 + a_1 p + a_2 p^2 + \cdots = a_0 a_1 a_2 \cdots \ (p)$$

가 된다. $|A|_p < 1$에 대해 $a_0, a_1, a_2, \cdots$ 중에는 0인 것도 있다.

A, B가 p-진 수로서 $|A|_p = p^f$, $|A|_p \geq |B|_p$라고 하자. 이들의 표준 급수를

$$A = \sum_{n=-f}^{\infty} a_n p^n \ (p), \quad B = \sum_{n=-f}^{\infty} b_n p^n \ (p)$$

(a_n, b_n은 숫자 $0, 1, \cdots, p-1$)이라 하자. 여기서 $a_{-f} \neq 0$이지만 $a_{-f+1}, a_{-f+2}, \cdots$ 중 하나 이상이 0일 수 있다. 또한

$$A \pm B = \sum_{n=-f}^{\infty} (a_n \pm b_n) p^n \ (p)$$

은 수렴한다. 일반적으로 이것은 표준이 아니다. 하지만 축소과정에 의해 표준 급수로 변형할 수 있다. 곱셈에 관해서도 거의 같은 방법으로 전개할 수 있다. 표준 형태의 두 p-진 수

$$A = \sum_{n=-f}^{\infty} a_n p^n \ (p), \qquad B = \sum_{n=-\beta}^{\infty} b_n p^n \ (p)$$

($|A|_p = p^f$, $|B|_p = p^\beta$)를 고려하자. 항별로 곱하고 이를 정리하면

$$AB = \sum_{n=-f-\beta}^{\infty} u_n p^n \ (p)$$

의 형태로 나타낼 수 있다. 이 때

$$u_{-f-\beta} = a_{-f} b_{-\beta},$$
$$u_{-f-g+1} = a_{-f+1} b_{-g} + a_{-f} b_{-g+1},$$
$$u_{-f-g+2} = a_{-f+2} b_{-g} + a_{-f+1} b_{-g+1} + a_{-f} b_{-g+2}.$$

이다. 일반으로 AB는 표준이 아니지만 [1]의 방법에 의해 표준 축소가 가능하다.

$A = a_0, a_1 a_2 \cdots \ (p)$가 p-진 수로서 $|A|_p = 1$, 즉 $a_0 \neq 0$이라 하자. 그러면 A의 역 A^{-1}이 존재할 것인지의 문제가 발생한다. 사실, p가 소수이고 $a_0 \neq 0, (a_0, p) = 1$이기 때문에 $A \neq 0$는 역수(reciprocal)를 가진다 ([1], p.48 참조).

다시 $A = a_0, a_1 a_2 \cdots \ (p)$, $B = b_0, b_1 b_2 \cdots \ (p)$가 표준형태로 표시된 p-진 정수라고 하자. A/B가 존재할 것인가에 관한 문제가

발생한다. BB^{-1}인 B^{-1}가 존재하므로 $A/B = AB^{-1}$로 주어진다.

실해석학에서 처럼, K_v의 원소를 기본수열의 극한이 아니라 무한급수의 합

$$A_1 + A_2 + A_3 + \cdots = \sum_{n \geq 1} A_n$$

으로 표현하는 것이 종종 편리하다. 여기서 A_n은 K 또는 보다 일반으로 K_v의 원소이다. 그러한 급수가 v-합 S로 v-수렴(v-convergent with the v-sum)이란 수열

$$\{S_n\},\ \text{여기서}\ S_n = \sum_{k=1}^{n} A_k$$

이 v에 관해 v-극한 $S = v - \lim_{n \to \infty} S_n$을 가진 기본 수열일 때이다. 이 때

$$S = v - \sum_{n=1}^{\infty} A_n$$

으로 표기한다. 이 수렴성은

$$\lim_{m,\, n \to \infty} v(S_m - S_n) = 0$$

과 동치이다.

$v(S_m - S_n) = v(S_n - S_m)$ 이므로 $m > n$으로 두어도 일반성을 잃지 않는다. 그러면

$$S_m - S_n = \sum_{k=n+1}^{m} A_k$$

이 되어 다음의 수렴판정법을 얻는다. 즉 급수 $\sum_{n \geq 1} A_n$가 v-수렴일 필요충분조건은

$$\lim_{m,\, n \to \infty} v(A_{n+1} + \cdots + A_m) = 0$$

실수체에서 이것은 소위 수렴성에 대한 코시판정법이다. $\mathbb{Q}_p$에서 $\sum_{n \geq 1} A_n$의 합을 $\sum_{n \geq 1} A_n(p)$로 나타내자. 그러면 모든 원소 $A \in \mathbb{Q}_p$는 $|\cdot|_p$에 관해 적당한 기본수열 $\{a_n\} \subseteq \mathbb{Q}$의 극한

$$A = \lim_{n \to \infty} a_n$$

으로 정의할 수 있다. 이 때 $|A|_p = \lim_{n \to \infty} |a_n|_p$이 성립한다.

1.2 p-진 함수

전 절에서는 p-진 수와 그들의 연산에 대해 살펴보았다. 이 절에서는 p-진 수의 함수들에 대해 논의한다. 주로 $\mathbb{Z}_p$나 $\widetilde{\mathbb{N}} = \{0, 1, 2, 3, \cdots\}$ 위의 1변수 p-진 함수를 다룬다.

[정의 1.2.1] d가 집합 S 위의 거리(metric)란 함수 $d : S \times S \to \mathbb{R}$로서 다음 성질을 만족할 때이다. 임의의 $a, b, c \in S$에 대해

(i) $d(a, b) = d(b, a)$,

(ii) $d(a, c) \leq d(a, b) + d(b, c)$,

(iii) $d(a, b) \geq 0$이고 $d(a, b) = 0$일 필요충분조건은 $a = b$.

이 때 (S, d)는 거리 공간(metric space)이라 한다. 만약 $E \subseteq S$이면 d는 E 위에 유도된 거리 d_E를 자연스럽게 정의한다. 그러한 (E, d_E)는 (S, d)의 거리 부분공간(metric subspace)이라 한다.

만약 v가 환 K 위의 의부치이면

$$d(a, b) = v(a - b), \ a, b \in K$$

에 의해 (K, d)는 거리공간이 된다. 또한

$$d(A, B) = v(A - B), \ A, B \in K_v$$

로 정의하면 (K_v, d)도 거리공간이다.

[정의 1.2.2] $f : K \to K$가 함수라 하고 $E \subseteq K$라 하자.

(1) f가 E 위에서 유계(bounded)란 모든 $x \in E$에 대해 $v(f(x)) \leq C$인 상수 $C > 0$가 존재할 때이다.

(2) 함수 f가 $x_0 \in K$에서 연속(continuous at x_0)이란 임의의 실수 $\epsilon > 0$에 대해 ϵ과 x_0에만 의존하는 실수 $\delta = \delta(\epsilon, x_0) > 0$가 존재하여

$$v(x - x_0) < \delta \text{ 이면 } v(f(x) - f(x_0)) < \epsilon$$

를 만족할 때이다.

(3) f가 E 위에서 연속(continuous on E)이란 f가 모든 $x \in E$에 대해 연속일 때이다.

(4) 연속이 아닌 함수를 불연속(discontinuous)이라 한다.

(5) f가 E 위에서 일양연속(uniformly continuous)이란 임의의 실수 $\epsilon > 0$에 대해 ϵ에만 의존하는 실수 $\delta = \delta(\epsilon)$가 존재하여

$$x, x_0 \in E \text{ 이고 } v(x - x_0) < \delta \text{ 이면 } v(f(x) - f(x_0)) < \epsilon \tag{1.1}$$

를 만족할 때이다.

[정리 1.2.3] $E \subseteq K$가 콤팩트(compact)라 하고 함수 $f : E \to K$가 E 위에서 연속이라 하자. 그러면 f는 E 위에서 일양연속이고 유계이다.

증명 f가 E위에서 일양연속이 아니라고 하자. 그러면 실수 $\epsilon > 0$가 존재하여 임의의 실수 $\delta > 0$에 대해 (1.1)이 성립하지 않는다. 이것을 $S = \frac{1}{n}$, $n \in \mathbb{N}$에 계속해서 적용하면

$$v(f(x_n) - f(x_n')) \geq \epsilon \text{이고 } v(x_n - x_n') < \frac{1}{n} \qquad (1.2)$$

을 만족하는 수열 $\{x_n\}, \{x_n'\} \subseteq E$이 존재한다. E가 콤팩트이기 때문에 $v - \lim_{n \to \infty} x_{r_n}' = x'$인 $\{x_n'\}$의 부분수열 $\{x_{r_i}\} \subseteq E$을 택할 수 있다. $\{x_n - x_n'\}$이 영수열이므로 $v - \lim_{n \to \infty} x_{r_n} = x'$이다. 그러면 f가 x'에서 연속이므로

$$v - \lim_{n \to \infty} f(x_{r_n}) = v - \lim_{n \to \infty} f(x_{r_n}') = f(x')$$

을 얻는다. 이로부터

$$\lim_{n \to \infty} v(f(x_{r_n}) - f(x_{r_n}')) = v(f(x_0) - f(x')) = 0$$

가 되어 (1.2)에 모순이다.

이제 f가 E위에서 유계가 아니라고 하자. 그러면

$$\lim_{n \to \infty} v(f(x_n)) = \infty \qquad (1.3)$$

을 만족하는 수열 $\{x_n\} \subseteq E$이 존재한다. E가 콤팩트이므로

$$v - \lim_{n \to \infty} x_{r_n} = x'$$

인 $\{x_n\}$의 부분수열 $\{x_{r_n}\}$을 찾을 수 있다. 다시 f의 연속성을 적용하면

$$v - \lim_{n \to \infty} f(x_{r_n}) = f(x')$$

가 되어 (1.3)에 모순이다. ■

[정리 1.2.4] $I=[a, b] \subseteq \mathbb{R}$가 구간이라 하고 $f: I \to \mathbb{R}$가 함수라고 하자.

(1) f가 I에서 연속이고 $f(a) \neq f(b)$이면 $f(a)$와 $f(b)$ 사이의 임의의 수 c에 대해 $f(x_0)=c$가 되는 해 $x_0 \in I$가 적어도 하나 존재한다.

(2) f가 I에서 연속이면 f는 I에서 최대값과 최소값을 갖는다. 즉 모든 $x \in I$에 대해 $f(c) \leq f(x) \leq f(d)$인 $c, d \in I$가 존재한다.

(3) (Rolle정리) f가 I에서 연속이고 I의 내부에서 미분가능이라 하자. $f(a)=f(b)$이면 $f'(x_0)=0$인 $x_0 \in (a, b)$가 적어도 하나 존재한다.

(4) (평균값정리) f가 I에서 연속이고 I의 내부에서 미분가능이면

$$f(b)-f(a)=f'(x_0)(b-a)$$

인 $x_0 \in (a, b)$가 적어도 하나 존재한다.

(5) f가 I에서 연속이고 I의 모든 내부점 x에 대해 $f'(x)=0$이면 f는 I에서 상수이다.

정리 1.2.4의 증명에는 $\mathbb{R}$이 전순서라는 사실을 본질적으로 사용한다. 한편, p-진 체 $\mathbb{Q}_p$는 전순서가 아니다 ([1], p.95). 따라서 p-진 함수에 대해 정리 1.2.4와 유사한 결과를 직접 얻을 수는 없다. 하지만 p-진 연속함수의 경우에도 유사하게 성립하는 연속함수의 한 가지 중요한 성질이 있다. 그것은 연속함수의 다항식 근사에 관한 Weierstrass정리이다.

[정리 1.2.5] f가 I에서 연속이고 $\delta > 0$이 임의의 실수이면 모든 $x \in I$에 대해 $|f(x) - p(x)| < \delta$인 실계수 다항식 $p(x)$가 존재한다.

때때로 실 연속함수를 콤팩트 구간 $I = [a, b]$이 아니라 I에서 조밀한 콤팩트 부분집합 $E \subseteq I$ 위에서 고려할 필요가 있다. 가령 $E = I \cap \mathbb{Q}$를 I 위의 모든 유리수의 집합이라 하자. 그러면 E 위에서 연속인 함수 $f : E \to \mathbb{R}$가 반드시 유계이거나 일양연속이지는 않다. 예를 들어, $f(x) = \dfrac{1}{x - \sqrt{2}}$을 고려하면 된다.

p-진 함수의 경우에도 마찬가지 어려움이 일어난다. $\widetilde{\mathbb{N}} = \{0, 1, 2, \cdots\}$은 $\mathbb{Z}_p$에서 조밀하지만 폐집합도 아니며 콤팩트하지도 않다. 그러므로 $\widetilde{\mathbb{N}}$ 위에서 유계도 아니며 일양연속도 아닌 연속함수가 존재한다. 그러나 만약 $f : \widetilde{\mathbb{N}} \to \mathbb{Q}_p$가 일양연속이면 f는 연속함수 $F : \mathbb{Z}_p \to \mathbb{Q}_p$로 확장할 수 있다(이 경우 [정리 1.2.3]에 의해 F는 $\mathbb{Z}_p$ 위에서 일양연속이다). $\mathbb{Z}_p$의 모든 점이 $\widetilde{\mathbb{N}}$의 원소의 기본수열의 p-진 극한이므로 일양연속성으로부터 F는 $\widetilde{\mathbb{N}}$의 값에 의해 유일하게 결정된다.

[정의 1.2.6] $\{f_n(x)\}$을 함수 $f_n : E \subseteq K \to K$의 무한수열이라 하자.

(1) 모든 $x \in E$에 대해 $\{f_n(x)\}$의 극한이

$$v - \lim_{n \to \infty} f_n(x) = s(x) \tag{1.4}$$

존재할 필요충분조건은 임의의 실수 $\epsilon > 0$에 대해 ϵ과 x에만 의존하는 자연수 $N = N(\epsilon, x)$가 존재하여 모든 자연수 $n \geq N$에 대해 $v(f_n(x) - s(x)) < \epsilon$을 만족할 때이다.

(2) 특히, 자연수 N이 모든 $x \in E$에 무관하면 극한 (1.4)는 E에서 일양수렴한다고 정의한다.

이 정의는 실해석학에서의 함수열의 수렴이나 일양수렴의 개념과 본질적으로 다르지 않다. 이제 $a_k : E \to K$가 함수일 때

$$f_n(x) = \sum_{k=1}^{n} a_k(x)$$

형태의 수열 $\{f_n(x)\}$을 고려하자. $\{f_n(x)\}$이 E에서 일양수렴이란 무한급수

$$s(x) = v - \sum_{n=1}^{\infty} a_n(x)$$

가 E에서 일양수렴할 때이다. 동치로는 임의의 실수 $\epsilon > 0$에 대해 x에 무관한 자연수 $N = N(\epsilon)$가 존재하여 모든 $n \geq N$와 $x \in E$에 대해

$$v(f_n(x) - s(x)) < \epsilon$$

을 만족할 때이다.

[정리 1.2.7] 급수 $C = \sum_{n=1}^{\infty} c_n$, $c_n > 0$ 이 수렴하고, $\{a_n(x)\}$ 이

$$v(a_n(x)) \le c_n, \quad x \in E, \quad n \in \mathbb{N}$$

을 만족하는 함수 $a_n : E \to K$ 로 이루어진 수열이라 하자. 그러면 $v - \sum_{n=1}^{\infty} a_n(x)$ 는 E에서 일양수렴한다.

증명 C가 수렴하기 때문에 임의의 실수 $\epsilon > 0$에 대해 자연수 $N = N(\epsilon)$이 존재하여 모든 $n \ge \mathbb{N}$에 대해 $\sum_{k=n+1}^{\infty} c_k < \epsilon$이다. 따라서 모든 $n \ge \mathbb{N}$와 $x \in E$에 대해

$$v(s(x) - \sum_{k=1}^{n} a_k(x)) = v(\sum_{k=n+1}^{\infty} a_k(x))$$
$$\le \sum_{k=n+1}^{\infty} v(a_k(x)) \le \sum_{k=n+1}^{\infty} c_k < \epsilon$$

이 된다. ■

[정의 1.2.8] $E \subseteq \mathbb{Z}_p$라 하고 $f : E \to \mathbb{Q}_p$가 함수라 하자. 이때 f가 $x_0 \in E$에서 연속이란 임의의 자연수 t에 대해 x_0에 무관한 자연수 $s = s(t)$가 존재하여

$$x \in E \text{ 이고 } |x - x_0|_p \le p^{-s} \text{ 이면 } |f(x) - f(x_0)|_p \le p^{-t} \tag{1.5}$$

를 만족할 때이다.

> **[정리 1.2.9]** 함수 $f: E \subseteq \mathbb{Z}_p \to \mathbb{Q}_p$가 x_0에서 연속일 필요충분조건은 $\lim_{n \to \infty} x_n = x_0$을 만족하는 모든 수열 $\{x_n\} \subseteq E$에 대해
>
> $$\lim_{n\to\infty} f(x_n) = f(x_0) \tag{1.6}$$
>
> 일 때이다.

증명 f가 x_0에서 연속이라 하고 $\{x_n\} \subseteq E$을 극한 x_0를 갖는 임의의 수열이라 하자. 그러면 충분히 큰 n에 대해 $|x_n - x_0|_p \le p^{-s}$이다 따라서 (1.5)에 의해

$$|f(x_n) - f(x_0)|_p \le p^{-t}$$

이 된다. 이것은 $\{f(x_n)\}$이 극한 $f(x_0)$를 갖는다는 것을 의미한다. 역으로, f가 x_0에서 불연속이라 하자. 그러면 자연수 t와 수열 $\{x_n\} \subseteq E$이 존재하여

$$\lim_{n\to\infty} x_n = x_0, \quad |f(x_n) - f(x_0)|_p > p^{-t} \quad (n = 1, 2, 3, \cdots)$$

을 만족한다. 이것은 (1.6)에 모순이다. ■

이제 $x_0 \in E$에서 연속인 두 함수 $f, f^*: E \subseteq \mathbb{Z}_p \to \mathbb{Q}_p$를 고려하자. 그러면 (1.6)에 의해 $\lim_{n\to\infty} x_n = x_0$이면

$$\lim_{n\to\infty} f(x_n) = f(x_0), \qquad \lim_{n\to\infty} f^*(x_n) = f^*(x_0)$$

다. v-극한의 성질로부터

$$\lim_{n\to\infty}(f(x_n) \circ f^*(x_n)) = f(x_0) \circ f^*(x_0)$$

을 얻는다. 여기서 기호 $\circ$ 는 연산 $+$, $-$, $\times$ 을 상징한다. 이로부터 다음이 성립한다 ([1], pp.106-107).

[정리 1.2.10]

(1) 함수 $f, f^* : E \subseteq \mathbb{Z}_p \to \mathbb{Q}_p$가 x_0에서 연속이면 $f \pm f^*$, ff^*도 x_0에서 연속이다.

(2) $f^*(x_0) \neq 0$일 때에는 f/f^*도 x_0에서 연속이다. 특히 모든 $x \in E$에 대해 $f^*(x) \neq 0$일 때에는 f/f^*는 E에서 연속이다.

[정의 1.2.11] 함수 $f : E \subseteq \mathbb{Z}_p \to \mathbb{Q}_p$가 E에서 일양연속이란 임의의 실수 $\epsilon > 0$에 대해 x나 x_0에 무관한 실수 $\delta = \delta(\epsilon)$가 존재하여

$$x,\ x_0 \in E\text{이고 } |x - x_0|_p < \delta\text{이면 } |f(x) - f(x_0)|_p < \epsilon$$

을 만족할 때이다.

사실 정의에서 $\epsilon = p^{1-t}$, $\delta = p^{1-s}$ $(s, t \in \mathbb{N})$를 택하면 충분하다. 이러한 관찰로부터 다음의 동치를 얻는다. f가 E에서 일양연속일 필요충분조건은 모든 자연수 t에 대해 x나 x_0에 무관한 자연수 $s = s(t)$가 존재하여

$$x,\ x_0 \in E\text{이고 } |x - x_0|_p < p^{-s}\text{이면 } |f(x) - f(x_0)|_p \le p^{-t}$$

을 만족할 때이다.

[정리 1.2.12] $\mathbb{Z}_p$에서 연속인 함수 $f:\mathbb{Z}_p \to \mathbb{Q}_p$는 일양연속이고 유계이다.

증명 $\mathbb{Z}_p$는 $d(a,b)=|a-b|_p$에 의해 주어진 계량 d에 관해 콤팩트임을 주의하면 된다. 그러면 결과는 정리 1.2.3으로부터 나온다. ■

[정리 1.2.13] $f, f^*: E \subseteq \mathbb{Z}_p \to \mathbb{Q}_p$가 일양연속이라 하자. 그러면 $f \pm f^*$, ff^*도 E에서 일양연속이다.

증명 f와 f^*가 E에서 일양연속이므로 임의의 자연수 t에 대해 x나 x_0에 무관한 자연수 $s=s(t)$와 $s^*=s^*(t)$가 존재하여

$x,\ x_0 \in E$ 이고 $|x-x_0|_p \le p^{-s}$ 이면

$$|f(x)-f(x_0)|_p \le p^{-t} \tag{1.7}$$

$x,\ x_0 \in E$ 이고 $|x-x_0|_p \le p^{-s^*}$ 이면

$$|f^*(x)-f^*(x_0)|_p \le p^{-t} \tag{1.8}$$

을 만족한다. $S=\max\{s, s^*\}$라 두면 (1.7)과 (1.8)은

$x,\ x_0 \in E$ 이고 $|x-x_0|_p \le p^{-S}$ 이면

$$\max\{|f(x)-f(x_0)|_p, |f^*(x)-f^*(x_0)|_p\} \le p^{-t} \tag{1.9}$$

로 나타낼 수 있다. 또한 정리 1.2.12에 의해 f와 f^*는 $\mathbb{Z}$에서 유계이므로 자연수 u가 존재하여

$x \in E$이면

$$|f(x)|_p \leq p^u,\ |f^*(x)|_p \leq p^u \tag{1.10}$$

를 만족한다.

이제 $x,\ x_0 \in E$ 이고 $|x - x_0|_p \leq p^{-S}$ 라 하자. 그러면 (1.9), (1.10)에 의해

$$
\begin{aligned}
&|(f(x)' \pm f^*(x)) - (f(x_0) \pm f^*(x_0))|_p \leq p^{-t},\\
&|f(x)f^*(x) - f(x_0)f^*(x_0)|_p\\
&= |f(x)(f^*(x) - f^*(x_0)) + (f(x) - f(x_0))f^*(x_0)|_p\\
&\leq \max\{|f(x)|_p|f^*(x) - f^*(x_0)|_p,\\
&\qquad\qquad |f(x) - f(x_0)|_p|f^*(x_0)|_p\}\\
&\leq p^{-t+u}
\end{aligned}
$$

를 얻는다. 따라서 $f \pm f^*,\ ff^*$ 는 E에서 일양연속이다. ■

[정의 1.2.14] 함수 $f : E \subseteq \mathbb{Z}_p \to \mathbb{Q}_p$ 가 E 에서 국소적 상수(locally constant)란 모든 $x_0 \in E$ 에 대해 자연수 $s = s(x_0)$ 가 존재하여

$$x \in E \text{ 이고 } |x - x_0|_p \leq p^{-s} \text{ 이면 } f(x) = f(x_0)$$

를 만족할 때이다.

정의로부터 E 에서 국소적 상수인 함수는 연속임을 쉽게 알 수 있다.

[정의 1.2.15] 함수 $f : E \subseteq \mathbb{Z}_p \to \mathbb{Q}_p$가 계단함수(step function)란 x나 x_0에 무관한 자연수 s가 존재하여

$$x,\ x_0 \in E \text{ 이고 } |x - x_0|_p \le p^{-s} \text{ 이면 } f(x) = f(x_0)$$

를 만족할 때이다. 이러한 성질을 만족하는 최소의 자연수 s를 f의 위수(order)라고 한다.

분명 E에서 계단함수는 일양연속이고 국소적 상수이다. 역으로 E가 콤팩트일 때 f가 E에서 국소적 상수이면 f는 E에서 계단함수이다.

p-진 함수의 이론은 보간함수 $\sum_{n=0}^{\infty} a_n \binom{x}{n}$에 의해 전개된다. 여기서 이항계수 $\binom{x}{n}$은

$$\binom{x}{n} = \frac{x(x-1)\cdots(x-n+1)}{n!},\ x,\ n \in \widetilde{\mathbb{N}}$$

으로 정의된다.

[정리 1.2.16] $n \in \widetilde{\mathbb{N}}$ 이고 $x \in \mathbb{Z}_p$ 이면 $|\binom{x}{n}|_p \le 1$ 이다.

증명 $\mathbb{Q}$의 계수를 가진, 따라서 $\mathbb{Q}_p$의 계수를 가진 x의 다항식으로서 이항계수$\binom{x}{n}$은 $\mathbb{Z}_p$에서 일양연속이다 (정리 1.2.13). $\{x_r\} \subset \widetilde{\mathbb{N}}$를 $\lim_{r\to\infty} x_r = x$인 수열이라고 하자. 그러면

$$\lim_{r\to\infty}\binom{x_r}{n}=\binom{x}{n}$$

이다. 이미 언급한 바와 같이 $|\binom{x_r}{n}|_p \le 1$ 이므로

$$|\binom{x}{n}|_p=\lim_{r\to\infty}|\binom{x_r}{n}|_p \le 1$$

을 얻는다. ■

> **[정의 1.2.17]** $f:\widetilde{\mathbb{N}}\to\mathbb{Q}_p$ 를 p-진 함수라 하자. 이 때
>
> $$a_n=\sum_{k=0}^{n}(-1)^k\binom{n}{k}f(n-k)=\sum_{k=0}^{n}(-1)^{n-k}\binom{n}{k}f(k), \tag{1.11}$$
>
> 를 f의 계수(coefficient)라 한다.

함수 f의 계수의 의존성을 강조할 때에는 a_n 대신 $a_n<f>$ 으로 표기하기도 한다. 차분해석학에서는 f의 계수 a_n은 $x=0$에서의 $f(x)$의 연속된 차분

$$a_n=\Delta^n f(0)$$

이다. 여기서 $\triangle f(x)=f(x+1)-f(x)$ 이다. x에서의 f의 n차 차분은

$$\Delta^n f(x)=\sum_{k=0}^{n}(-1)^{n-k}\binom{n}{k}f(k+x), \tag{1.12}$$

으로 정의한다. 여기서 $\triangle_h^n=(1+\triangle)^h\triangle^n$ 이다. 변수가 임의의 p-진 수 h이면

$$\Delta_h^n f(x) = \sum_{k=0}^{n} (-1)^{n-k} \binom{n}{k} f(x+hk). \qquad (1.13)$$

로 정의한다.

f에 보간함수

$$f^*(x) = \sum_{n=0}^{\infty} a_n \binom{x}{n}, \quad x \in \widetilde{\mathrm{N}}$$

를 대응시키자. 그러면 $n > x$ 에서 $\binom{x}{n} = 0$ 이므로 f^*는 유한 합

$$f^*(x) = \sum_{n=0}^{x} a_n \binom{x}{n}, \quad x \in \widetilde{\mathrm{N}}$$

으로 축소된다. 이것은 전체 $\widetilde{\mathrm{N}}$ 위에서 정의될 수 있다. 그 명확한 값은 다음과 같이 구할 수 있다. (1.11)에 의해

$$f^*(x) = \sum_{n=0}^{x} \left(\sum_{k=0}^{n} (-1)^k \binom{n}{k} f(n-k) \right) \binom{x}{n}.$$

이다. 여기에 $j = n - k$ 를 대입하면

$$f^*(x) = \sum_{j=0}^{x} f(j) \sum_{k=0}^{x-j} (-1)^k \binom{j+k}{j} \binom{x}{j+k},$$

를 얻는다. 여기서

$$\begin{aligned}\binom{j+k}{k}\binom{x}{j+k} &= \frac{(j+k)!}{j!k!}\frac{x!}{(j+k)!(x-j-k)!} \\ &= \frac{x!}{j!k!(x-j-k)!} \\ &= \frac{x!}{(x-j)!j!}\frac{(x-j)!}{k!(x-j-k)!} \\ &= \binom{x}{j}\binom{x-j}{k}.\end{aligned}$$

이다. 따라서

$$f^*(x) = \sum_{j=0}^{x} f(j)\binom{x}{j}\sum_{k=0}^{x-j}(-1)^k\binom{x-j}{k}.$$

가 된다. 한편

$$\begin{aligned}\sum_{k=0}^{x-j}(-1)^k\binom{x-j}{k} &= (1-1)^{x-j} \\ &= \begin{cases}1, & j=x \\ 0, & 0<j<x\end{cases}\end{aligned}$$

임을 관찰한다. 이로부터 $x \in \widetilde{\mathbb{N}}$일 때 $f^*(x) = f(x)$를 얻는다. $n > x$일 때 모든 계수는 0이기 때문에

$$f(x) = \sum_{n=0}^{x} a_n\binom{x}{n} = \sum_{n=0}^{\infty} a_n\binom{x}{n}, \quad x \in \widetilde{\mathbb{N}}$$

다음의 중요한 결과를 소개한다.

[정리 1.2.18] 함수 $f:\widetilde{\mathbb{N}}\to\mathbb{Q}_p$ 와 $F:\mathbb{Z}_p\to\mathbb{Q}_p$ 가 일양연속이고 같은 계수 a_n 를 가진다고 하자. 그러면

(i) $\lim_{n\to\infty} a_n = 0$ 이고

(ii) f 와 F 는 다항식 근사에 의해 일양으로 접근될 수 있다.

(i)과 (ii)는 서로 동치임을 주의한다. 따라서 증명은 한쪽만 하면 된다. 더욱이 f 는 F 의 $\widetilde{\mathbb{N}}$ 로의 제한이므로 f 나 F 어느 쪽을 하더라도 차이가 없다. 하지만 여기서는 증명을 생략한다.

[정의 1.2.19] $E\subseteq\mathbb{Z}_p$ 의 특성함수(characteristic function)란

$$\chi_E:\mathbb{Z}_p\to\mathbb{Q}_p,$$

$$\chi_E(x)=\chi(x|E)=\begin{cases}1, & x\in E\\ 0, & x\in\mathbb{Z}_p \text{ 이고 } x\notin E\end{cases}$$

를 말한다.

예를 들면, $E=\bigcup_{k=1}^{n} E_k$ 가 서로 소인 부분집합들 $\{E_k\}$ 의 합집합일 때에는

$$\chi(x|E)=\sum_{k=1}^{n}\chi(x|E_k).$$

이 됨을 관찰한다.

이제 t가 자연수이고 $N=0,\ 1,\ \cdots,\ p^t-1$라 하자. $E(N)$을 $|x-N|_p \le p^{-t}$인 모든 p-진 수 x의 집합이라 하면 $E(N) \subseteq \mathbb{Z}_p$이다. 사실 그것은 구 $B_t(N)$과 일치한다. $E(N)$의 어떠한 두 집합도 서로 소이기 때문에

$$\mathbb{Z}_p = \cup_{N=0}^{p^t-1} E(N).$$

가 된다. 이로부터 $x \in \mathbb{Z}_p$이면

$$1 = \sum_{N=0}^{p^t-1} \chi(x\,|E(N)) \tag{1.14}$$

를 얻는다.

이것은 다음과 같이 일반화할 수 있다. $S:\mathbb{Z}_p \to \mathbb{Q}_p$를 위수 t인 계단함수라 하자. 그러면 $x \in E(N)$에 대해 $S(x)=S(N)$이다. 따라서 $x \in \mathbb{Z}_p$이면

$$S(x) = \sum_{N=0}^{p^t-1} S(N)\,\chi(x\,|E(N)). \tag{1.15}$$

를 얻는다.

2 비아르키메디언 불변적분

2.1 $\mathbb{Q}$ 위의 비아르키메디언 위상

$B_r(a)$를 한 점 $a \in \mathbb{Q}_p$을 중심으로 반경이 p^r인 원반이라고 하고 그 경계(원)를 $S_r(a)$라 하자. 즉

$$B_r(a) = \{x \| x-a|_p \le p^r\}, \quad S_r(a) = \{x \| x-a|_p = p^r\}$$

$B_r(a)$는 가환 덧셈군이며

$$\{x \| x-a|_p < p^r\} = B_{r-1}(a) \subseteq B_r(a),$$
$$S_r(a) = B_r(a) - B_{r-1}(a), \ B_r(a) \subseteq B_{r'}(a) \ (r < r')$$
$$B_r(a) = \cup_{r' \le r} S_{r'}(a), \ \cap_{r \in \mathbb{Z}} B_r(a) = \{a\},$$
$$\cup_{r \in \mathbb{Z}} B_r(a) = \cup_{r \in \mathbb{Z}} S_r(a) = \mathbb{Q}_p$$

이다. $a=0$일 때에는 $B_r(0) = B_r$, $S_r(0) = S_r$로 간단히 표기한다.

[정리 2.1.1] 만약 $b \in B_r(a)$이면 $B_r(a) = B_r(b)$이다.

증명 $x \in B_r(b)$라 하자. 그러면

$$|x-a|_p = |x-b+b-a|_p \leq \max\{|x-b|_p, |b-a|_p\} \leq p^r$$

즉, $x \in B_r(a)$이므로 $B_r(b) \subseteq B_r(a)$가 된다.

한편 $a \in B_r(b)$ 이므로 $B_r(a) \subseteq B_r(b)$이다. 따라서 $B_r(a) = B_r(b)$ 이다. ■

다음 정리들은 쉽게 증명할 수 있다. 개집합인 동시에 폐집합을 개폐집합(clo-open set)이라 하자.

[정리 2.1.2]

(1) 원반 $B_r(a)$와 원 $S_r(a)$는 $\mathbb{Q}_p$에서 개폐집합이다.

(2) 원반 $B_r(a)$의 모든 점은 중심이다.

(3) $\mathbb{Q}_p$의 어떠한 두 원반도 서로 소이거나 한쪽이 다른 쪽에 포함된다.

(4) $\mathbb{Q}_p$의 모든 개집합은 기껏해야 가산개의 서로소인 원반들의 합집합으로 나타낼 수 있다.

[정리 2.1.3] 만약 집합 $M \subseteq \mathbb{Q}_p$가 $a, b(a \neq b)$를 포함하면 M은 $a \in M_1$, $b \in M_2$가 되는 서로 소인 계폐집합 M_1, M_2의 합집합으로 표현될 수 있다.

증명 세 가지 경우로 나누어 고려한다.

(i) $a=0$, $|b|_p = p^r$ 인 경우에는 $M_1 = M \cap B_{r-1}$, $M_2 = M \cap (\mathbb{Q}_p - B_{r-1})$ 로 택한다.

(ii) $|a|_p = p^r$, $|b|_p = p^{r'}$, $r' > r$ 인 경우에는 $M_1 = M \cap B_{r'}$, $M_2 = M \cap (\mathbb{Q}_p - B_r)$ 로 택한다.

(iii) $|a|_p = p^r = |b|_p$ 인 경우를 고려하자. a, b 를

$$a = p^{-r}(a_0 + a_1 p + a_2 p^2 + \cdots),$$

$$b = p^{-r}(b_0 + b_1 p + b_2 p^2 + \cdots)$$

로 나타내면

$$a_0 = b_0, \cdots, a_{k-1} = b_{k-1}, \ a_k \neq b_k, \ |a-b|_p = p^{r-k}$$

가 된다. 이때 $M_1 = M \cap B_{r-k-1}(a)$, $M_2 = M \cap (\mathbb{Q}_p - B_{r-k-1}(a))$ 로 택한다. ■

정리 2.1.3은 $\mathbb{Q}_p$ 에서 단원소집합이 아닌 모든 부분집합은 비연결임을 의미한다. 다시 말하면, 한 원소의 연결성분은 그 자신의 단원소집합이다. 따라서 $\mathbb{Q}_p$ 는 완전 비연결(totally disconnected)이다. 또한 정리 2.1.3으로부터 $\mathbb{Q}_p$ 가 하우스도르프(Hausdorff)공간임도 알 수 있다.

[정리 2.1.4] 집합 $M \subseteq \mathbb{Q}_p$ 가 콤팩트일 필요충분조건은 K 가 폐집합이고 유계일 때이다.

증명 충분조건은 명백하므로 필요조건을 증명한다. K가 폐집합이고 유계라고 하자. $\mathbb{Q}_p$가 완비계량공간이므로 K가 가산 콤팩트(countably compact)임을 보이면 된다. 즉 모든 무한집합 $M \subseteq K$은 극한점을 적어도 하나 가짐을 보인다. $x \in M$에 대해 M이 유계이므로 적당한 상수 $C > 0$에 의해 $|x|_p = p^{-r(x)} \le C$가 된다. 따라서 $r(x)$는 아래로 유계이다. 그러면 두 가지 경우를 고려할 수 있다.

(i) $r(x)$가 M에서 위로 유계가 아닌 경우에는 $k \to \infty$일 때 $r(x_k) \to \infty$인 수열 $\{x_k\} \subseteq M$이 존재한다. 이것은 $|x_k|_p = p^{-r_k} \to 0$를 의미한다. K가 폐집합이므로 $x_k \to 0 \in K$이다.

(ii) $r(x)$가 M에서 위로 유계인 경우에는 r_o가 존재해서 M은

$$p_0^r(x_o + x_1 p + \cdots), \quad 0 \le x_j \le p-1, \; x_0 \ne 0$$

형태의 무한개의 점을 포함한다. x_0는 $p-1$개의 값을 갖기 때문에 M이 $p_0^r(a_0 + x_1 p + \cdots)$ 형태의 무한개의 점을 포함하는 정수 a_0, $1 \le a_0 \le p-1$가 존재한다.
이 과정을 계속함으로써 수열 $\{a_j\}$, $0 \le a_j \le p-1$, $a \ne 0$을 얻는다. 그러므로 극한값 $p^{r_0}(a_0 + a_1 p + a_2 p^2 + \cdots) \in K$를 얻는다. ■

예제 2.1.1 원 S_r은 중심이

$$a = p^{-r}(a_0 + a_1 p + \cdots + a_{r-r'-1} p^{r-r'-1}),$$

$$0 \le a_j \le p-1, \; a \ne 0$$

인 $(p-1)p^{r-r'-1}$ 개의 서로 소인 원반 $B_{r'}(a)$ 으로 덮일 수 있다.

풀이 임의의 $x = p^{-r}(x_0 + x_1 p + \cdots) \in S_r$ 은 $x = a + x'$ 형태로 유일하게 표현할 수 있다. 여기서 a는 (2.1)의 형태이고 $x' \in B_{r'}$ 이다. 그러므로

$$S_r = \cup_a \{a + B_{r'}\} = \cup_a B_{r'}(a).$$

한편 원반 $B_{r'}(a)$는 그 중심이 $\{a\}$ 로서 거리가 $p^{r'+1}$ 인 것들을 서로 제거하면 (2.1)에 의해 서로 소가 된다. 또한 중심의 개수는 정확히 $(p-1)p^{r-r'-1}$ 개다. ■

예제 2.1.2 원반 B_r 은 중심

$$a = p^{-t}(a_0 + a_1 p + \cdots + a_{t-r'-1} p^{t-r'-1}),$$
$$t = r, r-1, \cdots, r'+1,\ t \le a_j \le p-1,\ a_0 \ne 0$$

을 가진 서로 소인 원반 $B_{r'}(a), r' < r$ 에 의해 덮일 수 있다.

풀이 예제 2.1.1로부터

$$B_r = B_{r'} U$$

이고 집합 $B_{r'}$ 과 $S_t\ (t = r'+1, \cdots, r)$ 은 서로 소임을 알 수 있다. 또한 원반의 개수는

$$1 + (p-1)\sum_{t=r'+1}^{r} p^{t-r'-1}$$
$$= 1 + (p-1)\frac{1-p^{r-r'}}{1-p} = p^{r-r'} \text{이다.}$$ ■

우리는 예제 2.1.1과 예제 2.1.2의 피복을 각각 원 S_r과 원반 B_r의 표준 덮개(canonical covering)라 한다. 완비계량공간 X의 차원(dimension)이란 X의 임의의 덮개에 대해 중복도 $n+1$인 세분화된 부분덮개가 존재할 때 그러한 최소의 자연수 n을 말한다. 이때 $\dim X = n$으로 표기한다. 여기서 덮개의 중복도는 이 덮개에 교집합이 공집합이 아닌 성질(non-empty intersection ptoperty)을 가진 m개의 집합이 존재할 때 그 최대의 정수를 말한다. 예를 들어, $\dim \mathbb{R}^n = n$이다.

[정리 2.1.5] $\dim \mathbb{Q}_p = 0$.

증명 $\mathbb{Q}_p$가 완비계량공간임은 이미 밝힌 바 있다. 또한 앞의 두 예제에서 살펴본 바와 같이 $\mathbb{Q}_p$의 임의의 덮개에 대해 항상 서로 소인 원반에 의한 부분덮개를 발견할 수 있다. 따라서 $\dim \mathbb{Q}_p = 0$을 얻는다. ■

2.2 해석적 함수

[정의 2.2.1] 함수 f가 원반 B_r에서 해석적(analytic)이란 f가 B_r에서 수렴하는 멱급수로 표현될 수 있을 때이다.

원반에서의 해석함수는 실해석학에서와 유사한 성질을 가진다. 가령 이들은 덧셈과 곱에 관해 환의 구조를 가진다. 그러나 다른 점도 있다. 예를 들어 해석함수의 중첩(super position)은 일반으로 해석함수가 아니다.

이제 $n = 0, 1, 2, \cdots$ 에 대해 다음의 급수를 고려하자.

$$f(x) = \sum_{n \le k < \infty} f_k x^k, \qquad f_k \in \mathbb{Q}_p, \tag{2.2}$$

$$f^{(n)}(x) = \sum_{n \le k < \infty} k(k-1)\cdots(k-n+1) f_k x^{k-n}, \tag{2.3}$$

$$f^{(-n)}(x) = \sum_{0 \le k < \infty} \frac{1}{(k+1)(k+2)\cdots(k+n)} f_k x^{k+n}. \tag{2.4}$$

이때 수 $R = R(f)$가 급수 (2.2)의 수렴반경(radius of convergence)이란 그것이 모든 $|x|_p \le R$에 대해서는 수렴하고 $|x|_p \le R$에 대해서는 발산할 때이다.

이 경우 급수(2.3)과 (2.4)는 각각 ($f(x) = f^{(0)}(x)$으로 하고) 항별 미분과 항별 적분에 의해 (2.2)로부터 나온다. 이 함수를 각각 계수 n의 도함수(derivative)와 원시함수(primitive function)라고 한다.

그러면

$$R(f^{-n}) \le R(f) \le R(f^{(n)}) \qquad n = 1, 2, 3, \cdots$$

이 성립한다.

[정리 2.2.2] $k \in \mathbb{N}$에 대해 $|k|_p \geq \frac{1}{k}$이고

$$\lim_{k \to \infty\,(k \in \mathbb{N})} |k|_p^{\frac{1}{k}} = 1.$$

증명 $k \in \mathbb{N}$를 $k = p^m k_0$, $|k|_p = p^{-m}$이라 하자. 여기서 $m, k_0 \in \mathbb{Z}$은 $m \geq 0$이고 $1 \leq k_0 \leq p-1$을 만족한다. 그러면

$$m = \frac{\log k - \log k_0}{\log p} \geq \frac{\log k}{\log p}$$

이므로 직접 계산하면

$$|k|_p = p^{-m} \geq p^{-\frac{\log k}{\log p}} = \frac{1}{k}$$

$$\begin{aligned}\lim_{k \to \infty,\, k \in \mathbb{N}} |k|_p^{\frac{1}{k}} &= \lim_{k \to \infty,\, k \in \mathbb{N}} p^{-\frac{m}{k}} \\ &= \lim_{k \to \infty,\, k \in \mathbb{N}} p^{-\frac{\log k - \log k_0}{k \log p}} = 1\end{aligned}$$

이 나온다. ■

단위원반 B_0에서의 모든 해석함수의 집합을 A로 표기한다. 그러한 함수들은 조건

$$k \to \infty \text{ 이면 } |f_k|_p \to 0$$

을 만족하는 급수 (2.2)로 유일하게 정의되는 것들이다. A는 체 $\mathbb{Q}_p$ 위에서 선형성을 만족한다. 또한 A 위에 노름을

$$\| f \| = \max_{0 \le k < \infty} |f_k|_p, \qquad f \in A \tag{2.5}$$

로 정의하자.

[정리 2.2.3] (2.5)에 주어진 $\| \ \|$ 은 비아르키메디언 노름이다.

증명 $f \in A$가 $\| f \| = 0$을 만족한다고 하자.
즉 $\max |f_k|_p = 0$이다. 그러면 $f_k = 0,\ k = 0, 1, \cdots$ 이므로 $f = 0$이 된다. $\alpha \in \mathbb{Q}_p,\ \alpha \neq 0$를 택하자. 그러면

$$\| \alpha f \| = \max |\alpha f_k|_p = |\alpha|_p \max_k |f_k|_p = |\alpha|_p \| f \|$$

이다. 또한 $f, g \in A$에 대해

$$\| f + g \| = \max |f_k + g_k|_p \le \max_k \max \{ |f_k|_p, |g_k|_p \}$$

가 되므로 $\| \ \|$ 은 비아르키메디언이다. ■

[정리 2.2.4] A는 바나흐대수이다.

증명 먼저 A의 완비성을 보이자. $\{ f^n \} \subseteq A$가 기본수열이라 하자. 그러면

$$\| f^n - f^m \| = \max_{0 \le k < \infty} |f_k^n - f_k^m|_p$$

이므로 $\{f_k^n\}$ 도 모든 $k=1, 2, \cdots$ 에 대해 기본수열이다. 따라서 $f_k \in \mathbb{Q}_p$에 일양수렴하고

$$\lim_{k\to\infty} f_k = \lim_{k\to\infty} \lim_{n\to\infty} f_k^n = \lim_{n\to\infty} \lim_{k\to\infty} f_k^n = 0$$

이 된다. 이로부터 $f(x) = \sum_{0 \le k < \infty} f_k x^k \in A$ 이고

$$\lim_{n\to\infty} \| f^n - f \| = \lim_{n\to\infty} \max_{0 \le k < \infty} |f_k^n - f_k|_p = 0$$

을 얻는다.

더욱이 $f, g \in A$를 택하고 $h = fg$라 하자. 그러면 $h \in A$ 이고 $h_k = \sum_{0 \le j \le k} f_j g_{k-j}$ 이다. 따라서

$$\begin{aligned} \| h \| &= \max_k |h_k|_p = \max_k | \sum_{0 \le j \le k} f_j g_{k-j} |_p \\ &\le \max_k \max_{0 \le j \le k} |f_j|_p |g_{k-j}|_p \\ &\le \max_j |f_j|_p \max_k |g_k|_p = \| f \| \ \| g \| \end{aligned}$$

를 얻는다. ■

2.3 디리클레 지표

이제 디리클레 지표(Dirichlet character)에 대해 고려하자. 디리클레 지표는 기본적으로 승법적인 준동형사상 $\chi : (\mathbb{Z}/n\mathbb{Z})^\times \to \mathbb{C}^\times$

이다. 만약 $n|m$ 이면 χ 는 자연스러운 사상 $(\mathbb{Z}/m\mathbb{Z})^{\times} \to (\mathbb{Z}/n\mathbb{Z})^{\times}$ 과의 합성에 의해 준동형사상 $(\mathbb{Z}/m\mathbb{Z})^{\times} \to \mathbb{C}^{\times}$ 를 유도한다. 따라서 χ 는 mod$m$ 이나 mod$n$ 에 관해 정의할 수 있다. 이러한 의미에서 최소의 수를 택하는 것이 편리하다. 이 수를 χ 의 도수(conductor)라 하고 f 또는 f_{χ} 로 표기한다.

예제 2.3.1

(1) $\chi : (\mathbb{Z}/8\mathbb{Z})^{\times} \to \mathbb{C}^{\times}$ 를

$$\chi(1) = 1,\ \chi(3) = -1,\ \chi(5) = 1,\ \chi(7) = -1$$

로 정의하자. 그러면 $\chi(a+4) = \chi(a)$ 이므로 χ 는

$$\chi(1) = 1,\ \chi(3) = -1$$

에 의해 mod4 에 관해 정의될 수 있다. 이 경우 $f_{\chi} = 4$ 임은 명백하다.

(2) $\chi : (\mathbb{Z}/6\mathbb{Z})^{\times} \to \mathbb{C}^{\times}$ 가

$$\chi(1) = 1,\ \chi(5) = -1$$

로 주어졌다고 하자. 그러면 χ 는 사상

$$(\mathbb{Z}/3\mathbb{Z})^{\times} \to \mathbb{C}^{\times} \quad 1 \to 1,\ 2 \to -1$$

에 의해 유도된다. 따라서 $f_{\chi} = 3$ 이다.

지표를 다음과 같이 두 가지 유형으로 나누는 것이 편리하다. $\chi^{(-1)} = 1$ 와 $\chi^{(-1)} = -1$ 인 지표 χ 를 각각 짝수(even)와 홀수

(odd)라 한다. 예제 2.1.1의 χ는 모두 홀수 지표이다. $(a, f_\chi) \neq 1$ 일 때 $\chi(a)=0$로 둠으로써 종종 χ를 함수 $\mathbb{Z}\to\mathbb{C}$로 간주할 수 있다. 물론 χ의 정의에서 법의 의미로 고려하는 것이 중요하다. 우리는 항상 χ는 도수를 법으로 하는 것으로 간주한다. 그러한 지표를 원시(primitive)라고 한다. 본질적으로 이러한 선택에 의해 $\chi(a)=0$은 가능한 한 일어나지 않는다. 말하자면 χ는 주기가 도수 f_χ인 주기함수이다. 예제 2.1.1 (2)에서 mod6 에서 정의된 χ의 주기가 3이 아닌 것은 6과 관계없는 소수 2가 포함하므로 모든 짝수 a에 대해서는 $\chi(a)=0$이 된다는 사실에서도 설명할 수 있다.

지표의 곱을 정의하자. 통상 고려하는 모든 지표는 원시적이라고 간주한다. χ와 ψ를 도수 f_χ와 f_ψ를 가진 디리클레 지표라고 하자. 이 때 $\chi\psi$는 준동형사상

$$\gamma : \mathbb{Z}/lcm(f_\chi, f_\psi)\mathbb{Z})^\times \to \mathbb{C}^\times, \quad \gamma(a) = \chi(a)\psi(a)$$

으로 정의한다.

■ 예제 2.3.2

(1) χmod12와 ψmod3을 각각

$$\chi(1)=1, \chi(5)=\psi(1)=1, \psi(2)=-1$$

으로 정의하자. 그러면 $(\mathbb{Z}/12\mathbb{Z})^\times$ 위의 $\chi\psi$는

$$\chi\psi(1)=1,\ \chi\psi(5)=\chi(5)\psi(2)=1,$$
$$\chi\psi(7)=-1,\ \chi\psi(11)=-1.$$

따라서 $\chi\psi$는 도수가 4이며,

$$\chi\psi(1) = 1, \quad \chi\psi(3) = -1$$

임은 쉽게 알 수 있다. 한편

$$\chi\psi(3) = -1 \neq \chi(3)\psi(3)$$

임을 관찰한다.

(2) χ가 도수이고 $\psi = \overline{\chi}$ (공액복소수)라고 하자. 만약 $(a, f_\chi) = 1$ 이면 $\psi(a) = \chi(a)^{-1}$ 이다. 따라서 $\chi\overline{\chi}$ 는 자명한 지표이다. 즉 모든 a에 대해 $\chi\overline{\chi}(a) = 1$ 이다.

때때로 디리클레 지표를 cyclotomic 체의 갈로아군의 지표로 생각하는 것이 도움이 된다. 만약 $Gal(\mathbb{Q}(\zeta_n)/\mathbb{Q})$과 $(\mathbb{Z}/n\mathbb{Z})^{+}$을 동일시하면 디리클레 지표 mod$n$은 갈로아 지표이다. 위의 예제 2.3.1의 경우는 다음과 같이 설명된다.

(1) 그 핵은 $1, 5 \pmod 8$ 이다. 갈로아군에서 이것은 $Gal(\mathbb{Q}(\zeta_8)/\mathbb{Q}(\zeta_4))$ 이다. 따라서 χ는 $(\mathbb{Z}/8\mathbb{Z})^{\times}$의 이 부분군에 의한 상군의 지표가 된다. 결국 χ는 $Gal(\mathbb{Q}(\zeta_4)/\mathbb{Q}) \simeq (\mathbb{Z}/4\mathbb{Z})^{\times}$의 지표이다.

(2) $\mathbb{Q}(\zeta_6) = \mathbb{Q}(\zeta_3)$ 인 경우에는 mod3의 지표는 같은 갈로아군의 지표이다.

일반으로 χ가 mod7의 지표라 하자. 그것은 $Gal(\mathbb{Q}(\zeta_n)/\mathbb{Q})$의 지표로 간주할 수 있다. K를 χ의 핵의 체라고 하자. 그러면 $K \subseteq \mathbb{Q}(\zeta_n)$ 이다. 또한 만약 n이 최소이면 $n = f_\chi$ 이다. 체 K는 χ에만 의존한다. 이를 χ에 속하는 체라고 한다. 보다 일반으로, X를 디리클레 지표의 유한군이라 하자. n을 X에서 지표의 도수들의 최소공배수라 하자. 그러면 X는 $Gal(\mathbb{Q}(\zeta_n)/\mathbb{Q})$의 지표의 부분군이다. H를 이들 지표들의 핵의 부분군이라 하자. K는 H의 고정된 체라고 하자. 그러면 X는 정확히 준동형사상

$$Gal(K/\mathbb{Q}) \to \mathbb{C}^{\times}$$

이다. 이러한 체 K를 X에 속하는 체라고 한다. 또한 $\deg(K/\mathbb{Q})$는 X의 위수이다. 사실, $X \simeq Gal(K/\mathbb{Q})$이다. 만약 X가 생성자 X에 의한 순환군이면 K는 정확히 위에서 언급한 X에 속하는 체이다.

예제 2.3.3 X가 $\chi(-1)=1$을 만족하는 $(\mathbb{Z}/n\mathbb{Z})^{\times}$의 지표의 군이라면 복소공액 $\zeta_n \to \zeta_n^{-1}$은 각 $x \in X$의 핵에 속한다. X에 대응하는 체는 $\mathbb{Q}(\zeta_n + \zeta_n^{-1})$이며 이것은 $\mathbb{Q}(\zeta_n)$의 최대 실 부분체이다. 마찬가지로 χ가 지표일 때 χ에 속하는 체가 실수체일 필요충분조건은 $\chi(-1)=1$이다.

2.4 감마함수

[정의 2.4.1] $s \in \mathbb{C}$에 대해 감마함수는

$$\Gamma(s) = \int_0^{\infty} e^{-t} t^{s-1} dt$$

으로 정의된다.

$n \in \mathbb{N}$ 인 경우에는

$$\Gamma(n+1) = n\Gamma(n),\ \Gamma(1) = 1,\ \Gamma(\frac{1}{2}) = \sqrt{\pi}$$

이 성립한다. 또한

$$\Gamma(n+1) = \int_0^\infty e^{-t}x^{-n}dt = \int_0^\infty e^{n\log x - x}dx$$

이므로

$$\begin{aligned}\Gamma(n+1) &= e^{-n}n^n\int_{-n}^\infty e^{n\log(1+\frac{y}{n})-y}dy \quad (x = n+y)\\ &= n^n e^{-n}\int_{-n}^\infty e^{-\frac{y^2}{2n}+\frac{y^3}{3n^2}+\cdots}dy\\ &= n^n e^{-n}\int_{-\sqrt{n}}^\infty \sqrt{n}e^{-\frac{v^2}{2}+\frac{v^3}{3\sqrt{n}}+\cdots}dv \ (y = \sqrt{n}v)\end{aligned}$$

[주의 2.4.2] $n > 0$ 에 대해서는 스터링(Stirling)의 점근공식이 성립한다.

$$\begin{aligned}\Gamma(n+1) &\approx n^n e^{-n}\int_{-\infty}^\infty \sqrt{n}e^{-\frac{v^2}{2}}dv\\ &\approx n^n e^{-n}\sqrt{2\pi n}.\end{aligned}$$

[정의 2.4.3] 베타함수는

$$B(m,n)=\int_0^{\infty}x^{m-1}(1-x)^{n-1}dx, \qquad m,n>0$$

으로 정의된다.

$$B(m,n)=\frac{\Gamma(m)\Gamma(n)}{\Gamma(m+n)}$$

이 성립한다.

[정리 2.4.4] $p\in\mathbb{N}$이라 하자. 그러면

$$\Gamma(p)\Gamma(1-p)=\frac{\pi}{\sin p\pi}$$

증명 $p\in\mathbb{N}$에 대해

$$\oint_{\mathbb{C}}\frac{z^{p-1}}{1+z}dz=2\pi ie^{(p-1)\pi i}$$

를 고려하자. 이것은 $z=-1$에서 단순극(simple pole)을 가진다. 코시적분을 이용하여 직접 계산하면

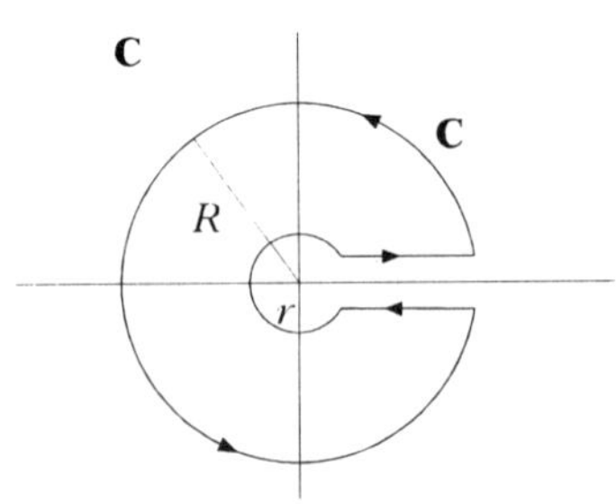

$$\oint_{\mathbb{C}} \frac{z^{p-1}}{1+z}dz = \int_r^R \frac{x^{p-1}}{1+x}dx + \int_0^{2\pi} \frac{(Re^{i\theta})^{p-1} iRe^{i\theta}}{1+Re^{i\theta}}d\theta$$
$$+ \int_R^r \frac{(xe^{2\pi i})^{p-1}}{1+xe^{2\pi i}}dx + \int_{2\pi}^0 \frac{(re^{i\theta})^{p-1} ire^{i\theta}}{1+re^{i\theta}}d\theta.$$

이 식에 $r \to 0,\ R \to \infty$ 를 적용하면

$$(1-e^{2\pi i(p-1)})\int_0^\infty \frac{x^{p-1}}{1+x}dz = 2\pi i e^{(p-1)\pi i}$$

가 되어

$$\int_0^\infty \frac{x^{p-1}}{1+x}dz = \frac{2\pi i e^{(p-1)\pi i}}{1-e^{2\pi i(p-1)}} = \frac{\pi}{\sin p\pi}$$

를 얻는다. 한편

$$\int_0^\infty \frac{x^{p-1}}{1+x}dx \approx \int_0^1 y^{p-1}(1-y)^{-p}dy \quad \left(\frac{x}{1+x} = y\right)$$
$$= B(p, 1-p) = \frac{\Gamma(p)\Gamma(1-p)}{\Gamma(p+1-p)} = \frac{\Gamma(p)\Gamma(1-p)}{\Gamma(1)}$$

이다. 이 두 식으로부터

$$\Gamma(p)\Gamma(1-p) = \frac{\pi}{\sin p\pi}$$

가 나온다. ■

[보조정리 2.4.5] 함수 f가 다음조건을 만족한다고 하자.

(i) $f(x+1) = xf(x)$,

(ii) $\log f(x)$는 모든 $x > 0$에 대해 볼록,

(iii) $f(1) = 1$.

그러면

$$f(x) = \lim_{n\to\infty} \frac{n^x n!}{x(x+1)\cdots(x+n)}.$$

보조정리 2.4.5로부터 $\Gamma(x)$를 직접 계산하면

$$\begin{aligned}
\Gamma(x) &= \lim_{n\to\infty} \frac{n^x n!}{x(x+1)(x+2)\cdots(x+n)} \\
&= \frac{1}{x}\lim_{n\to\infty} \frac{n^x n!}{(x+1)\cdots(x+n)} \\
&= \frac{1}{x}\lim_{n\to\infty} \frac{e^{x\log n} e^{-(\frac{x}{1}+\cdots+\frac{x}{n})} e^{(\frac{x}{1}+\cdots+\frac{x}{n})}}{(1+\frac{x}{1})(1+\frac{x}{2})\cdots(1+\frac{x}{n})} \\
&= \frac{1}{x} e^{-\gamma x} \lim_{n\to\infty} \Pi_{i=1}^{n} \left(\frac{e^{\frac{x}{i}}}{1+\frac{x}{i}}\right) \\
&= \frac{1}{x} e^{-\gamma x} \Pi_{i=1}^{\infty} \left(\frac{e^{\frac{x}{i}}}{1+\frac{x}{i}}\right)
\end{aligned}$$

을 얻는다. 여기서 $\gamma = \lim_{n\to\infty}(1+\frac{1}{2}+\frac{1}{3}+\cdots+\frac{1}{n} - \log n)$ 이다. 이때 수 $\gamma(\approx 0.5772157)$를 오일러(Euler)상수라 한다.

다음의 중요한 두 정리를 증명 없이 소개만 하기로 한다.

[정리 2.4.6] (바이어슈트라스(Weierstrass) 공식) $z > 0$에 대해

$$\Gamma(z) = \frac{1}{z} e^{-\gamma z} \Pi_{i=1}^{\infty} \left(\frac{e^{\frac{z}{i}}}{1 + \frac{z}{i}} \right),$$

여기서 z는 오일러 상수이다.

[정리 2.4.7] (핸켈(Hankel) 공식) $z > 0$에 대해

$$\Gamma(z) = -\frac{1}{2i\sin\pi z} \int_C (-t)^{z-1} e^{-t} dt$$

여기서 C는 다음의 적분로(contour)이다.

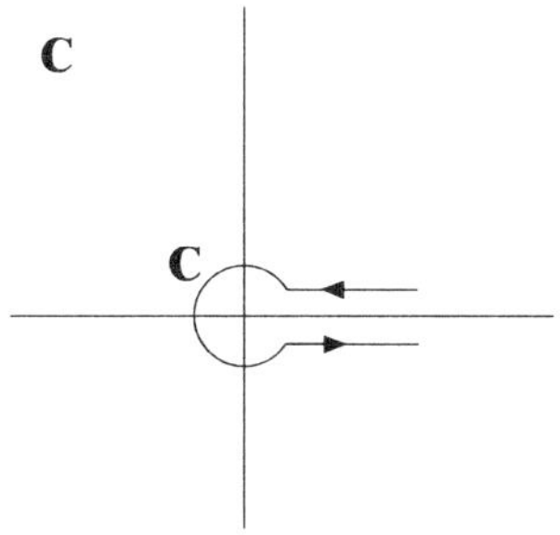

주의 만약 z 대신에 $1-z$를 대입하면

$$\begin{aligned}\Gamma(1-z) &= -\frac{1}{2i\sin\pi(1-z)}\int_C (-t)^{-z}e^{-t}dt \\ &= -\frac{1}{2i\sin\pi z}\int_C (-t)^{-z}e^{-t}dt \\ &= \frac{i}{2\pi}\Gamma(z)\Gamma(1-z)\int_C (-t)^{-z}e^{-t}dt\end{aligned}$$

가 된다. 따라서

$$\frac{1}{\Gamma(z)} = \frac{i}{2\pi}\int_C (-t)^{-2}e^{-t}dt\,.$$

한편 바이어슈트라스 공식에 의해

$$\log\Gamma(x) = -\gamma x - \log x + \sum_{i=1}^{\infty}\left(\frac{x}{i} - \log\left(1+\frac{x}{i}\right)\right)$$

임을 관찰한다. 이 식의 양변을 미분하면

$$\frac{\Gamma'(x)}{\Gamma(x)} = -\gamma - \frac{1}{x} + \sum_{i=1}^{\infty}\left(\frac{1}{i} - \frac{1}{x+i}\right).$$

즉, $\Gamma'(1) = \frac{\Gamma'(1)}{\Gamma(1)} = -\gamma$ 이다. 정리 2.1.2를 적용하여 이 과정을 계속하면

$$\left(\frac{d}{dx}\right)^{k-1}\left(\frac{\Gamma'(x)}{\Gamma(x)}\right) = \sum_{i=1}^{\infty}\frac{(-1)^k}{(x+i)^k},\quad (k \geq 2)$$

을 얻는다.

다음이 성립한다. 증명은 독자에게 맡긴다.

[정리 2.4.8] $x > 0$이고 $p \in \mathbb{N}$에 대해

$$\Gamma(\frac{x}{p}) \cdots \Gamma(\frac{x+p-1}{p}) = \frac{(2\pi)^{\frac{p-1}{2}}}{p^{x-\frac{1}{2}}}\Gamma(x)$$

특히 $p = 2$일 때

$$\Gamma(\frac{x}{2})\Gamma(\frac{x+1}{2}) = \frac{\sqrt{\pi}}{2^{x-1}}\Gamma(x)$$

이 된다. 이를 범함수 방정식(functional equation)이라 한다.

2.5 비아르키메디언 불변적분

【... 체 Q_p의 가법적 지표 ...】

[정의 2.5.1] χ가 체 $\mathbb{Q}_p$의 가법적 지표(additive character)란 $\mathbb{Q}_p$ 위에 정의된 연속인 (복소)함수로서 $|\chi(x)| = 1$이고

$$\chi(x+y) = \chi(x)\chi(y), \quad (x, y \in \mathbb{Q}_p) \tag{2.6}$$

을 만족할 때이다.

체 $\mathbb{Q}_p$의 모든 가법적 지표는 $\mathbb{Q}_p$의 어떤 부분군의 B_r $(r \in \mathbb{Z})$의 지표이다.

만약 p-진 수 $x(\neq 0)$의 표준 형태가

$$x = p^r (x_0 + x_1 p + x_2 p^2 + \cdots), \quad r = r(x) \in \mathbb{Z}$$

$(0 \leq x_j \leq p-1,\ x_0 > 0,\ j = 0, 1, 2, \cdots)$라고 할 때 x의 분수부분(fractional part)이란

$$\{x\}_p = \begin{cases} 0, & r(x) \geq 0 \text{ 혹은 } x = 0 \\ p^r (x_0 + x_1 p + \cdots), & r(x) < 0 \end{cases}$$

을 말한다. 그러면 $r(x) < 0$일 때에는

$$p^r \leq \{x\}_p \leq 1 - p^r$$

이다.

예제 2.5.1 임의의 $\xi \in \mathbb{Q}_p$에 대해 함수

$$\chi_p(\xi x) = \exp(2\pi i \{\xi x\}_p) \tag{2.7}$$

은 체 $\mathbb{Q}_p$와 군 B_r의 가법적 지표이다.

$\chi(x)$를 가법적 지표라 하자. 그러면 (2.7)으로부터

$$\chi(0) = 1,\ \chi(-x) = \overline{\chi}(x) = \chi^{-1}(x), \tag{2.8}$$
$$\chi(nx) = \{\chi(x)\}^n,\ n \in \mathbb{Z}$$

임을 쉽게 알 수 있다.

[정리 2.5.2] $\chi(\neq 1)$가 (2.11)을 만족하는 가법적 지표라 하자. 그러면

$$\chi(x) \equiv 1, \quad (x \in B_k) \tag{2.9}$$

를 만족하는 $k \in \mathbb{Z}$가 존재한다.

증명 $\chi(x)$가 B_r 위에서 연속함수이므로 (2.8)에 의해 χ가 0에서 연속이고 $\arg\chi(0) = 0$인 함수

$$\log\chi(x) = i\arg\chi(x)$$

의 분기(branch)를 택할 수 있다. 특히 모든 $x \in B_r$에 대해 $|\arg\chi(x)| < 1$인 $k \in \mathbb{Z}$가 존재한다. 모든 $x \in B_r$와 $n \in \mathbb{Z}$에 대해 $nx \in B_k$이므로 (2.8)로부터

$$|\arg\chi(x)| = |\frac{1}{n}\arg\chi(nx)| < \frac{1}{n}, \quad n \in \mathbb{N}, x \in B_k$$

가 된다. 따라서 모든 $x \in B_k$에 대해 $\arg\chi(x) = 0$이고 $\chi(x) \equiv 1$을 얻는다. ■

[정리 2.5.3] (2.8)의 원반 B_γ이 $\chi(x) \neq 1$을 만족하는 최대라 하면 $k < \gamma$이라 가정하자. 그러면 임의의 정수 r, $k < r \leq \gamma$에 대해 등식

$$\chi(p^{-r}) = \exp(2\pi imp^{-r+k}), \quad \exists m = 1, 2, \cdots p^{r-k} - 1 \tag{2.10}$$

이다. 여기서 m은 r에 무관하다.

증명 $r = \gamma$일 때에는 (2.8)과 (2.9)에 의해

$$1 = \chi(p^{-k}) = \chi(p^{-r+\gamma-k}) = [\chi(p^{-r})]^{p^{\gamma-k}}$$

이 된다. 또한 $k < r < \gamma$일 때에는

$$\begin{aligned}\chi(p^{-r}) &= \chi(p^{-r+\gamma-\gamma}) = [\chi(p^{-\gamma})]^{\gamma-r} \\ &= [\exp(2\pi imp^{-r+k})]^{p^{\gamma-r}}\end{aligned}$$

이 되므로 결과가 나온다. ■

$\xi = p^k m$이라 하자. 그러면 $|\xi|_p = p^{-k}|m|_p > p^{-k}p^{-\gamma+k} = p^{-\gamma}$이고 $|\xi|_p \leq p^{-k}$이다. 따라서 (2.7)에 의해 (2.10)은

$$\chi_p(p^{-r}) = \chi_p(p^{-r}\xi)$$

이 된다. 더욱이 (2.8)로부터 $p^{-k} \geq |\xi|_p > p^{-\gamma}$인 $\xi \in \mathbb{Q}_p$에 대해

$$\chi_p(p^{-r}) = \chi_p(p^{-r}\xi), \ k \leq r \leq \gamma \tag{2.11}$$

을 만족한다. 이로부터 다음이 성립한다.

[보조정리 2.5.4] $x \in B_r - B_k \ (k < r)$이라 하자. 그러면

$$\chi(x) = \chi_p(\xi x)$$

을 만족하는 $\xi \in \mathbb{Q}_p$, $|\xi|_p > p^{-r}$이 존재한다.

보조정리 2.5.4는 군 B_r의 임의의 가법적 지표 χ가 (2.7)의 형태로서 $\xi = 0$이거나 $|\xi|_p \geq p^{-r+1}$임을 의미한다. 만약 $\chi(\xi) \neq 1$

가 체 $\mathbb{Q}_p$의 가법적 지표이면 원반 B_0에서 χ는

$$\chi(x) = \chi_p(\xi^{(0)}x), \quad \xi^{(0)} \in \mathbb{Q}_p, \quad |\xi^{(0)}|_p > 1 \tag{2.12}$$

의 형태로 표현된다. 더욱이 다음이 성립한다. 증명은 독자에게 맡긴다.

[보조정리 2.5.5] $\chi(\xi) \neq 1$가 $\mathbb{Q}_p$의 가법적 지표라 하자. 그러면 임의의 $x \in B_1$에 대해

$$\chi(x) = \chi_p(\xi^{(1)}x), \ \xi^{(1)} \in \mathbb{Q}_p, \ \xi^{(1)} = \xi^{(0)} + \xi_0,$$
$$\xi_0 = 0, 1, \cdots p-1 \tag{2.13}$$

마찬가지로 원반 B_2에서는

$$\chi(x) = \chi_p(\xi^{(2)}x), \ \xi^{(2)} \in \mathbb{Q}_p, \ \xi^{(2)} = \xi^{(0)} + \xi_0 + \xi_1 p,$$
$$\xi_1 = 0, 1, \cdots p-1$$

이 된다. 이 과정을 계속하면 $\mathbb{Q}_p$에서

$$\chi(x) = \chi_p(\xi x), \ \xi = \xi^{(0)} + \xi_0 + \xi_1 p + \cdots \ \in \mathbb{Q}_p$$

을 얻는다. 요컨대 $\mathbb{Q}_p$의 임의의 가법적 지표는 적당한 $\xi \in \mathbb{Q}_p$에 의해 위의 형태를 가진다. 다시 말하면 함수 $\xi \to \chi_p(\xi x)$는 $\mathbb{Q}_p$의 덧셈군에서 가법적 지표의 군으로의 준동형사상이다. 더욱이 이 사상은 단사이다. 따라서 다음이 성립한다.

[정리 2.5.6] $\mathbb{Q}_p$의 임의의 가법적 지표의 군은 덧셈군 $\mathbb{Q}_p$와 동형이고 함수 $\xi \to \chi_p(\xi x)$는 하나의 동형사상이다.

【... 체 $\mathbb{Q}_p$의 승법적 지표 ...】

[정의 2.5.7] π가 체 $\mathbb{Q}_p$의 승법적 지표(multiplicative character)란 $\mathbb{Q}_p^*$ 위에 정의된 연속인 (복소)함수로서

$$\pi(xy) = \pi(x)\pi(y), \quad x \in \mathbb{Q}^*$$

을 만족할 때이다.

[정리 2.5.8] $\mathbb{Q}_p$의 임의의 승법적 지표는

$$\pi(x) = |x|_p^{\alpha-1}\pi_0(|x|_p x), \ |\pi_0(x')|_p = 1, \ x' \in S_0, \ \alpha \in \mathbb{C} \tag{2.14}$$

의 형태이다. 여기서 π_0는 군 S_0의 지표이다. 역으로 군 S_0의 임의의 승법적 지표는 (2.11)에 의해 $\mathbb{Q}_p$의 승법적 지표로 확장할 수 있다.

증명 π가 $\mathbb{Q}_p$의 승법적 지표라 하자. 그러면 임의의 $x \in \mathbb{Q}_p^*$는

$$x = |x|_p^{-1}x', \quad x' = |x|_p x \in S_0$$

으로 표현되므로 (2.11)이 성립한다. 따라서

$$\pi(x) = \pi(|x|_p^{-1}x') = \pi(|x|_p^{-1})\pi(x') = \pi(p^N)\pi_0(x')$$
$$= [\pi(p)]^N\pi_0(x') = p^{(1-\alpha)N}\pi_0(x') = |x|_p^{1-\alpha}\pi_0(x')$$

을 얻는다. 여기서 $|x|_p = p^{-N'}$, $\pi(p) = p^{1-\alpha}$ 이다. ■

한편 (2.14)에서 $\pi_0(1) = 1$을 알 수 있다. 더욱이 다음이 성립한다.

[정리 2.5.9] $\pi_0(x) \not\equiv 1$가 군 S_0의 승법적 지표이면

$$\pi_0(x) \equiv 1, \quad x \in B_{-k}(1) = \{x \in \mathbb{Q}_p \| x-1|_p \le p^{-k}\} \tag{2.15}$$

을 만족하는 $k \in \mathbb{Z}$가 존재한다.

증명 정리 2.5.8에 의해 $\pi_0(1) = 1$, $(\pi_0(x)) = 1$이고 π_0는 S_0 위에서 연속이다. 따라서 군 B_r의 가법적 지표의 경우와 유사한 방법에 의해 결과를 얻을 수 있다. ■

(2.15)를 만족하는 최소값 $k \in \widetilde{\mathbb{N}}$를 지표 $\pi_0(x)$의 계수(rank)라 한다. 계수가 0인 지표는 오직 자명한 지표뿐이다. 즉 $\pi_0(x) = 1$.

[정리 2.5.10] 만약 지표 $\pi_0(x)$의 계수가 양이면

$$\pi_0(x) = \pi_0(x_0 + x_1 p + \cdots + x_{k-1}p^{k-1}) \tag{2.16}$$

이고 이것은 $x_0, \cdots, x_{k-1}$에만 의존한다.

증명 사실 $x \in S_0$ 는

$$\begin{aligned} x &= x_0 + x_1 p + \cdots \\ &= (x_0 + x_1 p + \cdots + x_{k-1} p^{k-1})(1 + tp^k) \end{aligned}$$

의 형태로 표현된다. 여기서 $|t|_p \le 1$ 이다. 그러면 $1 + tp^k \in B_k(1)$ 이다. 따라서 (2.15)에 의해 $\pi_0(1 + tp^x) = 1$ 이 되어 (2.16)이 성립한다. ■

예제 2.5.2

(1) $\pi(x) = |x|_p^{\alpha - 1}$, $\pi_0(x') = 1$

$$\pi(x) = sgn_\epsilon x = \begin{cases} 1, & x \in \mathbb{O}^*_{p,\epsilon'} \\ -1, & x \not\in \mathbb{Q}^*_{p,\epsilon'},\ p \ne 2 \end{cases} \tag{2.17}$$

여기서 $\epsilon \not\in (\mathbb{Q}_p^*)^2$, 즉 ϵ은 어떤 p-진 수의 제곱꼴이 아닌 p-진 수이고

$$\mathbb{Q}^*_{p,\epsilon} = \{x \in \mathbb{Q}_p | x = a^2 - \epsilon b^2,\ a, b \in \mathbb{Q}_p\}$$

이다.

【... 체 $\mathbb{Q}_p$ 위의 이동불변측도 ...】

체 $\mathbb{Q}_p$ 는 국소적 콤팩트 가환군이므로 하르(Haar) 측도 dx 가 존재한다. 이것은 이동(shift)에 관해 불변인 측도이다. 즉 $d(x + a) = dx$ 이다. 이 측도를

$$\int_{|x|_p \le 1} dx = 1 \tag{2.18}$$

에 의해 정규화하자. 이러한 의미에서 dx는 유일하다. 다음이 성립함을 쉽게 알 수 있다. 증명은 독자에게 맡긴다.

[정의 2.5.11] $a \in \mathbb{Q}_p^*$에 대해

$$d(xa) = |a|_p dx$$

임의의 콤팩트 집합 $K \subseteq \mathbb{Q}_p$에 대해 측도 dx는 $C(K)$ 위에

$$\int_K f(x)dx \quad (f \in C(K))$$

에 의해 양의 선형 연속 범함수를 정의한다. $C(K)$ 위에 노름

$$\| f \|_{C(K)} = \max_{x \in K} |f(x)|$$

을 정의하자.

[정의 2.5.12] 함수 f가 $\mathbb{Q}_p$에서 적분가능(integrable)이란 극한

$$\lim_{N \to \infty} \int_{B_N} f(x)dx = \lim_{N \to \infty} \sum_{-\infty < \gamma \le N} \int_{S_\gamma} f(x)dx \tag{2.19}$$

이 존재할 때이다. 이를 $\mathbb{Q}_p$ 위의 f의 p-진 적분이라 하고 $\int_{\mathbb{Q}_p} f(x)dx$으로 표기한다. 즉

$$\int_{\mathbb{Q}_p} f(x)dx = \sum_{-\infty < \gamma < \infty} \int_{S_\gamma} f(x)dx \tag{2.20}$$

$\mathbb{Q}_p$ 위의 모든 적분가능 함수의 집합은 L^1_{loc} 로 표기한다. 이제 실해석학에서와 유사하게 $\mathbb{Q}_p$ 위의 이상적분을 정의해보자. $a \in \mathbb{Q}_p$ 에 관한 $f \in L^1_{loc}(\mathbb{Q}_p - \{a\})$ 의 이상적분(improper integral)이란

$$\int_{\mathbb{Q}_p} f(x)dx = \lim_{N\to\infty,\ M\to\infty} \sum_{M \le \gamma \le N} \int_{S_\gamma(a)} f(x)dx \tag{2.21}$$

로 정의한다.

■ 예제 2.5.3 $f \in L^1_{loc}(\mathbb{Q}_p)$ 이면

$$\int_{\mathbb{Q}_p} f(x)dx = \int_{\mathbb{Q}_p} \frac{1}{|y|_p^2} f\left(\frac{1}{y}\right)dy \tag{2.22}$$

■ 예제 2.5.4 $\sum_{0 \le \gamma < \infty} |f(p^{-\gamma})|p^{-\gamma} < \infty$ 이면 $\xi \ne 0$ 에 대해

$$\int_{\mathbb{Q}_p} f(|x|_p)\chi_p(\xi x)dx$$
$$= \left(1 - \frac{1}{p}\right)|\xi|_p^{-1} \sum_{0 \le \gamma < \infty} p^{-\gamma} f(p^{-\gamma}|\xi|_p^{-1}) - |\xi|_p^{-1} f(p|\xi|_p^{-1}) \tag{2.23}$$

풀이 $|\xi|_p = p^N$ 이라 두고 (2.21)를 적용하여 직접 계산한다. 그러면

$$\int_{\mathbb{Q}_p} f(|x|_p)\chi_p(\xi x)dx = \sum_{-\infty<\gamma<\infty} f(p^{\gamma})\int_{S_\gamma}\chi_p(\xi x)dx$$

$$= (1-\frac{1}{p})\sum_{-\infty<\gamma<-N} f(p^{\gamma})p^{\gamma} - f(p^{-N+1})p^{-N}$$

$$= (1-\frac{1}{p})p^{-N}\sum_{0\le\gamma<\infty} f(p^{-\gamma-N})p^{-\gamma} - p^{-N}f(p^{-N+1})$$

을 얻는다. ■

예제 2.5.4에서 $f=1$을 대입하면 $\xi\neq 0$에 대해

$$\int_{\mathbb{Q}_p}\chi_p(\xi x)dx = 0,\ \xi\neq 0$$

이 된다. 또한 다음을 얻을 수 있다.

예제 2.5.5 $Re(\alpha)>0$에 대해

$$\int_{\mathbb{Q}_p}|x|_p^{\alpha-1}\chi_p(\xi x)dx = \frac{1-p^{\alpha-1}}{1-p^{-\alpha}}|\xi|_p^{-\alpha} \tag{2.24}$$

풀이 예제 2.5.4에서 $f(x)=|x|_p^{\alpha-1}$을 적용하여 직접 계산하면

$$\int_{\mathbb{Q}_p}|x|_p^{\alpha-1}\chi_p(\xi x)dx$$

$$= (1-\frac{1}{p})|\xi|_p^{-1}\overset{p^{-\gamma-(\alpha-1)\gamma}}{\sum_{0\le\gamma<\infty}}|\xi|_p^{-\alpha+1} - |\xi|_p^{-1}p^{\alpha-1}|\xi|_p^{-\alpha+1}$$

$$= (\frac{1-p^{-1}}{1-p^{-\alpha}} - p^{\alpha-1})|\xi|_p^{-\alpha}$$

를 얻는다. ■

2.6 $\mathbb{Z}_p$ 위에서 김의 비아르키메디언 q-적분

p를 소수라 하고 $d \in \mathbb{N}$가 p와 서로 소라고 하자. 이 때

$$X = X_d = \lim_{\overleftarrow{N}} \mathbb{Z}/dp^N\mathbb{Z}, \ X_1 = \mathbb{Z}_p$$

$$X^* = \bigcup_{\substack{0 < a < dp \\ (a, p) = 1}} a + dp\mathbb{Z}_p$$

$$a + dp^N\mathbb{Z}_p = \{x \in X | x \equiv a \ (\mathrm{mod} dp^N)\}$$

를 정의하자. 여기서 $a \in \mathbb{Z}$는 $0 \leq a < dp^N$이다.

$\mathbb{C}_p$에서 p-진 절대값은 $|p|_p = \frac{1}{p}$에 의해 정규화된다. $C(\mathbb{Z}_p, \mathbb{C}_p)$를 모든 연속함수 $f : \mathbb{Z}_p \to \mathbb{C}_p$의 집합이라 하자. $U_1 \subseteq \mathbb{C}_p$을 중심이 1인 단위 개원반이라 하고

$$U_d = \{u \in \mathbb{C}_p | |u^d - 1|_p < 1\} \qquad U^m = U_d \times U_1^{m-1}$$

이라 두자.

q-확장을 말할 때에는 q는 복소수나 p-진수를 대상으로 한다. $q \in \mathbb{C}$이면 $|q| < 1$으로, $q \in \mathbb{C}_p$이면 $|q - 1|_p < p^{-\frac{1}{p-1}}$로 가정한다. 그러면 $|x|_p \leq 1$에 대해 $q^x = \exp(x \log q)$이다.

$$[x] = [x : q] = \frac{1 - q^x}{1 - q}$$

라고 표기하자. $f \in C^{(1)}(\mathbb{Z}_p)$ ($\mathbb{Z}_p$ 위의 강 미분가능 함수의 집합)에 대해 f 의 q-Riemann 합

$$\frac{1}{[p^N]}\sum_{0 \le j < p^N} q^j f(j) = \sum_{0 \le j < p^N} f(j)\mu_q(j+p^N\mathbb{Z}_p)$$

을 고려하자. $\mathbb{Z}_p$ 위에서 f 의 적분이란 그 극한($N \to \infty$)이 존재할 때 이 합의 극한으로 정의한다. 다시 말하면, $f \in C^{(1)}(\mathbb{Z}_p)$ 의 p-진 q-적분이란

$$\begin{aligned} I_q(f) &= \int_{\mathbb{Z}_p} f(x)d\mu_q(x) \\ &= \lim_{N\to\infty} \frac{1}{[p^N]}\sum_{0 \le j < p^N} f(j)q^j \end{aligned}$$

이다. 그러면

$$\left|\int_{\mathbb{Z}_p} f(x)d\mu_q(x)\right|_p \le p\|f\|_1$$

임은 쉽게 알 수 있다. 여기서

$$\|f\|_1 = sup\{|f(0)|_p, sup_{x \ne y}\left|\frac{f(x)-f(y)}{x-y}\right|_p\}$$

이다. 또한 $C^{(1)}$ 에서 $f_n \to f$ 이면, 즉 $\| f_n - f \|_1 \to 0$ 이면

$$\int_{\mathbb{Z}_p} f_n(x)d\mu_q(x) \to \int_{\mathbb{Z}_p} f(x)d\mu_q(x)$$

이다. 더욱이 고정된 각 $d \in \mathbb{N}$ 에 대해

$$\frac{1}{[p:q^{dp^N}]}\sum_{i=0}^{p-1} q^{idp^N}=1$$

이 된다.

임의의 $N>0$에 대해

$$\mu_q(a+dp^N\mathbb{Z}_p)=\frac{q^p}{[dp^N]}=\frac{q^a}{[dp^N:q]}$$

를 정의하자. 이것은 다음과 같이 X위의 초함수로 확장할 수 있다.

$$\mu_1(a+dp^N\mathbb{Z}_p)=\frac{1}{dp^N}$$

에 의해 정의된 통상의 p-진 초함수 μ_1에 대해

$$\lim_{q\to 1}\mu_q=\mu_1$$

이 성립한다. 뿐만 아니라 μ_q는 X위의 초함수이다. 사실

$$\sum_{i=0}^{p-1}\mu_q(a+idp^N+dp^{N+1}\mathbb{Z}_p)=\mu_q(a+dp^N\mathbb{Z}_p) \qquad (2.25)$$

을 보이면 된다. (2.25)의 좌변은

$$\begin{aligned}\sum_{i=0}^{p-1}&\frac{1}{[dp^{N+1}]}q^{a+idp^N}\\&=\frac{1}{[dp^{N+1}]}\sum_{i=0}^{p-1}q^{a+idp^N}\\&=\frac{q^a}{[dp^{N+1}]}\sum_{i=0}^{p-1}q^{idp^N}\end{aligned}$$

이다. 또한

$$[dp^{N+1}] = \frac{1-q^{dp^{N+1}}}{1-q} = [dp^N][p : q^{dp^N}]$$

이므로 이것은 직접 계산에 의해

$$\begin{aligned}
&\sum_{i=0}^{p-1} \mu_q(a + idp^N + dp^{N+1}\mathbb{Z}_p) \\
&= \frac{q^a}{[dp^{N+1}]}\sum_{i=0}^{p-1} q^{idp^N} \\
&= \frac{q^a}{[dp^N]}\frac{1}{[p : q^{dp^N}]}\sum_{i=0}^{p-1} q^{idp^N} \\
&= \frac{q^a}{[dp^N]} = \mu_q(a + dp^N\mathbb{Z}_p)
\end{aligned}$$

이 된다.

$UD(\mathbb{Z}_p)$를 모든 일양 미분가능함수 $\mathbb{Z}_p \to \mathbb{C}_p$의 집합이라 하면 $C^{(1)}(\mathbb{Z}_p) \subseteq UD(\mathbb{Z}_p)$이고 $UD(\mathbb{Z}_p)$에서 $f_n \to f$일 때

$$\int_{\mathbb{Z}_p} f_n(x)d\mu_q(x) \to \int_{\mathbb{Z}_p} f(x)d\mu_q(x)$$

이 된다. 더욱이 다음이 성립한다.

[보조정리 2.6.1] $f \in UD(\mathbb{Z}_p)$이면 $I_1(f_1) = I_1(f) + f'(0)$이 된다. 여기서 $f_1(x) = f(x+1)$이다.

[보조정리 2.6.2] $f \in UD(\mathbb{Z}_p)$에 대해

$$\int_{\mathbb{Z}_p} f(x)d\mu_1(x) = \frac{1}{m}\sum_{j=0}^{m-1}\int_{\mathbb{Z}_p} f(j+mx)\mu_1(x)$$

이 초함수는 $d=1$인 경우에 음이 아닌 정수 m에 대해 적분을 유도한다.

$$\int_{\mathbb{Z}_p}[a^m]d\mu_q(a) = \lim_{N\to\infty}\sum_{a=0}^{p^N-1}[a]^m\frac{q^a}{[p^N]} = I_q([a]^m). \tag{2.26}$$

3 연속된 정수의 멱승에 대한 탐구

3.1 기초준비

$n \in \mathbb{N} = \{1, 2, 3, \cdots\}$에 대하여 $1 + 2 + 3 + \cdots + n = \binom{n}{2}$라는 것은 너무나 잘 알려져 있다. $1 + 2 + 3 + \cdots + n$의 합을 $f_1(n)$으로 나타낸다면

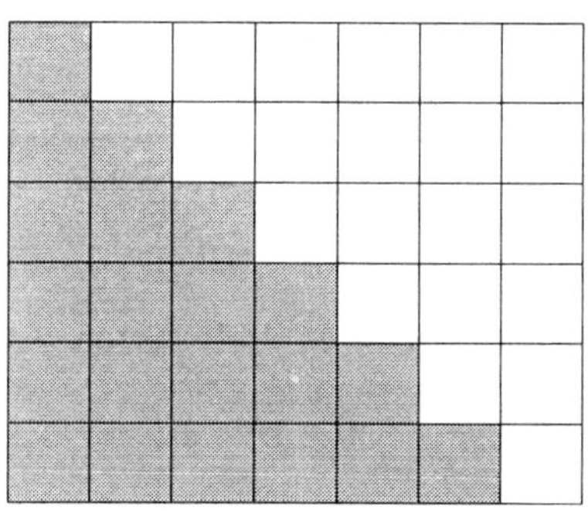

$f_1(n)$은 한 변의 길이가 1인 정사각형 n개와 $n + 1$개의 곱의 $\frac{1}{2}$인 회색영역의 면적을 나타낸다. 즉, $2f_1(n) = n(n + 1)$이다. 예

를 들면,

$$2(1+2+3+\cdots+6)=6(6+1)$$

이므로 $f_1(6)=\dfrac{6(6+1)}{2}$ 이다.

[일화 3.1.1] 가우스가 단지 10살이던 1789년의 어느 날 그의 선생님이 학생들에게 1에서 100까지 합이 얼마인지 계산해보라고 하였다. 각 학생들은 각자의 책상위의 석판에 쓰게 하였다. 곧 가우스는 그의 석판위에 답을 적었다. 그의 선생은 답을 쓰고 열심히 다른 일을 하고 있는 가우스를 주시했다. 가우스의 석판을 보았을 때 더 이상 계산 없이 유일하게 정답인 5050가 그의 석판위에 쓰여 있었다. 젊은 가우스는 어떻게 그 답을 찾았을까? 10살 소년은 다음과 같이 계산했던 것이다.

$$\begin{array}{r} 1+\ \ 2+\ \ 3+\cdots+\ 49+\ 50 \\ 100+\ 99+\ 98+\cdots+\ 52+\ 51 \\ \hline 101+101+101+\cdots+101+101 \end{array}$$

그러므로 합이 101이 50개이므로 합은 $101\times 50=5050$ 이라고 답하였다고 한다.

그러면 주어진 정수 k에 대하여 아래 합은 얼마이겠는가?

$$1^k+2^k+3^k+\cdots+n^k$$

이 합을 $f_k(n)$으로 표시하자. 즉,

$$f_k(n) = 1^k + 2^k + 3^k + \cdots + n^k$$

$f_k(n)$에 대한 공식을 발견하는 것은 J. Bernoulli 시대 이후 300년 이상 계속되어온 재미있는 문제다.

3.2 Telescoping 방법

$f_2(n) = 1^2 + 2^2 + 3^2 + \cdots + n^2$의 합을 계산하기 위해서 telescoping 방법을 이용하기로 한다.

$$\begin{array}{llllll}
n^3 & -(n-1)^3 & = 3n^2 & -3n & +1 \\
(n-1)^3 & -(n-2)^2 & = 3(n-1)^3 & -3(n-1) & +1 \\
\vdots & & \vdots & & \\
3^3 & -2^3 & = 3(3^2) & -3(3) & +1 \\
2^3 & -1^3 & = 3(2^3) & -3(2) & +1 \\
1^3 & -0^3 & = 3(1^3) & -3(1) & +1 \\
\hline
n^3 - 0^3 & & = & 3f_2(n) - 3f_1(n) + n &
\end{array}$$

를 얻는다. 따라서 $f_2(n) = \dfrac{1}{3}(n^3 - 3f_1(n) + n)$이다. 한편

$$f_1(n) = \frac{1}{2}(n(n+1))$$

이므로 위 식에 대입하면

$$f_2(n) = \frac{n^3}{3} + \frac{n^2}{2} + \frac{n}{6} = \frac{n(n+1)(2n+1)}{6}$$

를 얻는다. telescoping 방법을 이용하여 우리는 $f_3(n)$을 얻을 수 있다. 즉

$$f_3(n) = 1^3 + 2^3 + 3^3 + \cdots + n^3$$

의 합을 구해 보자.

$$n^4 - (n-1)^4 = n^4 - \sum_{i=0}^{4}\binom{4}{i}n^4(-1)^{4-i} = 4n^3 - 6n^2 + 4n + 1$$

이므로 위의 방법과 같이

$$n^4 - 0^4 = 4f_3(n) - 6f_2(n) + 4f_1(n) + 1$$

을 얻는다. 우리는 $f_2(n)$과 $f_1(n)$을 알고 있으므로 $f_2(n)$과 $f_1(n)$을 위 식에 대입하여 정리하면 $f_3(n)$를 쉽게 얻을 수 있다. 즉,

$$f_3(n) = \left[\frac{n(n+1)}{2}\right]^2$$

을 얻을 수 있다.

3.3 계산 방법(Calculus Method)

만약 $f_{k-1}(n)$의 합을 알고 있을 때

$$f_k(n) = 1^k + 2^k + 3^k + \cdots + n^k$$

의 합을 구하는 기법을 소개한다.

[$f_k(n)$를 구하는 규칙 3.3.1]

(1) $f_{k-1}(n)$ 다항식을 구체적으로 표시한다.

(2) $f_{k-1}(n)$의 양변에 k를 곱한다. 즉 $kf_{k-1}(n)$를 한다.

(3) $\int_0^n kf_{k-1}(x)dx$를 계산한다.

(4) 위 적분 계수의 모든 합이 1이 되도록 1차 항의 계수를 만들고 그 계수로 하는 1차 항을 더하여 다항식을 만든다. 이 값이 우리가 구하는 $f_k(n)$이다.

■ 예제 3.3.1 $f_1(n) = \frac{1}{2}(n(n+1))$일 때

$$f_2(n) = 1^2 + 2^2 + 3^2 + \cdots + n^2$$

의 합을 계산하여라.

풀이

단계 1. $f_1(n) = \frac{n^2}{2} + \frac{n}{2}$ 같이 n 다항식으로 표시한다.

단계 2. 2를 곱한다. $2f_1(n) = n^2 + n$

단계 3. $\int_0^n 2f_1(x)dx = \int_0^n (x^2 + x)dx$ 를 계산한다.

$$\int_0^n (x^2 + x)dx = \frac{n^3}{3} + \frac{n^2}{2}$$

단계 4. $(1 - \frac{1}{3} - \frac{1}{2})n$ 의 값을 $\frac{n^3}{3} + \frac{n^2}{2}$ 에 더한다. 따라서

$$f_2(n) = \frac{n^3}{3} + \frac{n^2}{2} + (1 - \frac{1}{3} - \frac{1}{2})n$$

을 얻을 수 있다. 간단히 하면

$$f_2(n) = \frac{n^3}{3} + \frac{n^2}{2} + \frac{n}{6} = \frac{n(n+1)(2n+1)}{6}$$

를 얻는다.

예제 3.3.2 $f_2(n) = \frac{n(n+1)(2n+1)}{6}$ 일 때 $f_3(n)$ 의 합을 계산하여라.

풀이

단계 1. $f_2(n) = \frac{n^3}{3} + \frac{n^2}{2} + \frac{n}{6}$ 같이 n 다항식으로 표시한다.

단계 2. 3를 곱한다. $3f_2(n) = n^3 + \frac{3}{2}n^2 + \frac{1}{2}n$

단계 3. $\int_0^n 3f_2(x)dx = \int_0^n (x^3 + \frac{3}{2}x^2 + \frac{1}{2}x)dx$를 계산한다.

$$\int_0^n 3f_2(x)dx = \int_0^n (x^3 + \frac{3}{2}x^2 + \frac{1}{2}x)dx$$
$$= \frac{n^4}{4} + \frac{n^3}{2} + \frac{n^2}{4}$$

단계 4. $(1 - \frac{1}{4} - \frac{1}{2} - \frac{1}{4})n$의 값을 $\frac{n^4}{4} + \frac{n^3}{2} + \frac{n^2}{4}$에 더한다. 따라서

$$f_3(n) = \frac{n^4}{4} + \frac{n^3}{2} + \frac{n^2}{4} + (1 - \frac{1}{4} - \frac{1}{2} - \frac{1}{4})n$$

을 얻을 수 있다. 간단히 하면

$$f_3(n) = \left[\frac{n(n+1)}{2}\right]^2$$

이다.

예제 3.3.3 $f_3(n) = \left[\frac{n(n+1)}{2}\right]^2$일 때 $f_4(n)$의 합을 계산하여라.

풀이

단계 1. $f_3(n) = \frac{n^4}{4} + \frac{n^3}{2} + \frac{n^2}{4}$ 같이 n 다항식으로 표시한다.

단계 2. 4를 곱한다. $4f_3(n) = n^4 + 2n^3 + n^2$

단계 3. $\int_0^n 4f_3(x)dx = \int_0^n (x^4 + 2x^3 + x^2)dx$를 계산한다.

$$\int_0^n 4f_3(x)dx = \int_0^n (x^4 + 2x^3 + x^2)dx = \frac{n^5}{5} + \frac{n^4}{2} + \frac{n^3}{3}$$

단계 4. $(1 - \frac{1}{5} - \frac{1}{2} - \frac{1}{3})n$ 의 값을 $\frac{n^5}{5} + \frac{n^4}{2} + \frac{n^3}{3}$ 에 더한다. 따라서

$$f_4(n) = \frac{n^5}{5} + \frac{n^4}{2} + \frac{n^3}{3} + (1 - \frac{1}{5} - \frac{1}{2} - \frac{1}{3})n$$

을 얻을 수 있다. 간단히 하면

$$f_4(n) = \frac{n(n+1)(2n+1)(3n^2+3n-1)}{30}$$

이다.

같은 방법으로 다음의 결과들을 얻을 수 있다.

$$f_1(n) = \sum_{i=1}^{n} i = \frac{1}{2}(n(n+1))$$

$$f_2(n) = \sum_{i=1}^{n} i^2 = \frac{n(n+1)(2n+1)}{6}$$

$$f_3(n) = \sum_{i=1}^{n} i^3 = \left[\frac{n(n+1)}{2}\right]^2$$

$$f_4(n) = \sum_{i=1}^{n} i^4 = \frac{n(n+1)(2n+1)(3n^2+3n-1)}{30}$$

$$f_5(n) = \sum_{i=1}^{n} i^5 = \frac{n^2(n+1)^2(2n^2+2n-1)}{12}$$

$$f_6(n) = \sum_{i=1}^{n} i^6 = \frac{n(n+1)(2n+1)(3n^4+6n^3-3n+1)}{42}$$

등을 얻는다.

3.4 베르누이 수에 의한 k차 멱승의 합

k차 멱승의 합을 구하는 가장 일반적이고 효과적인 방법들 중에 하나는 베르누이 수를 이용하는 것이다. 베르누이 수는 모든 책에서 볼 수 있는 L'Hospital 법칙을 발견한 Jean Bernoulli 형인 Jacques Bernoulli(1654-1705)에 의해 발견되었다. Bernoulli 가족은 수학의 역사에 있어서 가장 유명한 가족 중에 한 가족이다. Nicolaus Bernoulli와 Jean Gustave Bernoulli 사이에 뛰어난 수학자와 물리학자 12명이 있었다. Jacob Bernoulli는 그가 죽은 후 1713년에 출판된 그의 책 "Ars Conjectandi"에 정수들의 멱승의 합을 찾는 베르누이 수를 소개하였다.

[정의 3.4.1] 베르누이 수(Bernoulli number)를 다음과 같이 정의한다.

$$B_0 = 1 \text{ 이고 } m > 0,\ B_m = -\frac{1}{n+1}\sum_{k=0}^{m-1}\binom{m+1}{k}B_k,$$

여기서 $\binom{m+1}{k} = \dfrac{(m+1)!}{k!\,(m+1-k)!}$ 이다.

이 정의를 이용하여 처음 16까지 베르누이 수를 찾을 수 있다. 즉,

$B_0 = 1,\ B_1 = -1/2,\ B_2 = 1/6,\ B_3 = 0,\ B_4 = -1/30,\ B_5 = 0,\ B_7 = 0,$
$B_8 = -1/30,\ B_9 = 0,\ B_{10} = 3/66,\ B_{11} = 0,\ B_{12} = -7/6,\ B_{13} = 0,$
$B_{14} = 691/2730,\ B_{15} = 0.$

베르누이 수는 매우 복잡하고 불규칙적인 패턴을 가지고 있는 듯하다. 그러나 믿기 어려울 만큼 많은 수학적인 성질들을 가지고 있다. 놀랄만한 성질들 중 몇 개를 소개한다.

(1) 모든 양의 정수 m에 대하여 $B_{2m+1}=0$이며 B_{2m}은 연속된 값에 대한 부호는 교대한다.

(2) 만약 m이 양의 정수이면, $B_{2m}=\dfrac{(-1)^{m+1}(2m)!\zeta(2m)}{2^{2m-1}\pi^{2m}}$ 이다.
여기서 $\zeta(m)=\dfrac{1}{1^m}+\dfrac{1}{2^m}+\dfrac{1}{3^m}+\cdots$ 인 제타함수이다.

(3) 베르누이 수 B_k는 다음을 만족한다.

$$B_k=\lim_{x\to 0}\left[\frac{d^k}{dx^k}\frac{x}{e^x-1}\right]$$

(4) 베르누이 수는 다음 등식을 만족한다.

$$\frac{x}{e^x-1}=\sum_{n=0}^{\infty}B_n\frac{x^n}{n!}$$

(5) 베르누이 수는 역속하는 정수의 멱승의 합을 구하는 것만이 아니라 제타함수 $\zeta(2m)$, $tan(x)$, $tanh(x)$, $1/sin(x)$와 같은 많은 함수들의 전개에 나타난다.

[정리 3.4.2] 베르누이 수들을 항으로 가지는 $f_k(n)$에 대한 공식
Jaques Bernoulli (1654-1705)의 연구 결과로 자연수 1부터 n까지 k차 멱승의 합은 다음과 같이 주어진다.

$$f_n(k)=\frac{1}{k+1}\sum_{j=0}^{k}\binom{k+1}{j}B_j(n+1)^{k+1-j}$$

비록 일반적인 공식은 Jaques Bernoulli에 의해 얻을 수 있지만 A.W.F. Edwards(1986)는 1631년 Faulhaber가 $k=1, \cdots, 7$에 대한 공식을 얻었다는 사실을 조사해 알렸다.

[정리 3.4.3] $f_k(n)$에 대한 다른 공식 $k>0$에 대해 합 $f_k(n)$은 다음 1차 미분 방정식을 만족한다.

$$\frac{d}{dn}f_k(n) = kf_{k-1}(n) + (-1)^k B_k \tag{3.1}$$

증명 만약 $f_k(n) = \frac{1}{k+1}\sum_{j=0}^{k}\binom{k+1}{j}B_j(n+1)^{k+1-j}$ 이면

$$f_k(n) = \frac{1}{k+1}\sum_{j=0}^{k-1}\binom{k+1}{j}B_j(n+1)^{k+1-j} + B_k(n+1)$$

이다. 따라서

$$\begin{aligned}\frac{d}{dn}f_k(n) &= \sum_{j=0}^{k-1}\binom{k}{j}B_j(n+1)^{k-j} + B_k \\ &= k\frac{1}{k}\sum_{j=0}^{k-1}\binom{k}{j}B_j(n+1)^{k-j} + (-1)^k B_k \\ &= kf_{k-1}(n) + (-1)^k B_k\end{aligned}$$

를 얻는다.

식 (3.1)의 양 변에 적분을 하면 다음 식을 얻는다.

$$\int_0^n \frac{d}{dx}f_k(x)dx = f_k(n) = \int_0^n kf_{k-1}(x)dx + (-1)^k nB_k \tag{3.2}$$

(3.2)는 계산을 위해 중요한 도구가 된다. 이 공식은 베르누이 수 B_k와 $f_{k-1}(n)$를 사용하여 $f_k(n)$을 구할 수 있다. 사실 (1.2) 공식을 사용하여 B_k로 표현되는 $f_k(n)$을 찾을 수 있다. $n=1$에 대하여, 식 (3.2)는 다음을 만든다. 즉,

$$1 = \int_0^1 kf_{k-1}(x)dx + (-1)^k B_k$$

따라서 다음을 얻을 수 있다.

$$B_k = (-1)^k \left[1 - \int_0^1 kf_{k-1}(x)dx\right] \tag{3.3}$$

(3.2)와 (3.3)을 결합하면 다음과 같은 점화 공식을 얻을 수 있다.

$$f_k(n) = \int_0^n kf_{k-1}(x)dx + (-1)^k nB_k,$$
$$B_k = (-1)^k \left[1 - \int_0^1 kf_{k-1}(x)dx\right]$$

여기서 초기 조건은 $f_0(n) = n$ 그리고 $B_0 = 1$이다. 이 점화 공식의 알고리즘을 이용하면 쉽게 $1^2 + 2^2 + \cdots + n^k$의 합을 구할 수 있다.

【... $f_k(n)$를 찾기 위한 함수방정식 접근 ...】

자연수 1부터 n까지 k차 멱승의 합을 코시함수방정식으로 불려지는 함수방정식을 이용해 구할 수 있다는 것은 잘 알려져 있

다. 코시함수방정식은 다음과 같다.

$$f(x+y)=f(x)+f(y) \quad \forall x,y \in \mathbb{R}$$

여기서 $f:\mathbb{R}\to\mathbb{R}$는 임의의 함수이다.

코시함수방정식의 해는 다음과 같이 주어진다.

$$f(x)=cx \tag{3.4}$$

여기서 상수 c는 임의의 상수이다.

【... 자연수 1부터 n까지 1차 멱승의 합 ...】

$f_1(n)$의 정의로부터, 임의의 $n, m \in \mathbb{N}$에 대하여

$$\begin{aligned} f_1(m+n) &= 1+2+\cdots+m+(m+1)+\cdots+(m+n) \\ &= f_1(m)+(m+1)+\cdots+(m+n) \\ &= f_1(m)+1+2+\cdots+n+nm \\ &= f_1(m)+f_1(n)+mn \end{aligned}$$

이다. 만약 함수 $g_1:\mathbb{N}\to\mathbb{N}$를 $g_1(n)=f_1(n)-\dfrac{1}{2}n^2$, $n \in \mathbb{N}$로 정의하면 우리는 다음과 같은 결론을 얻을 수 있다. 임의의 $n, m \in \mathbb{N}$에 대하여

$$g_1(m+n)=g_1(m)+g_1(n)$$

왜냐하면

$$\begin{aligned} g_1(m+n) &= f_1(m+n) - \frac{1}{2}(m+n)^2 \\ &= f_1(m) + f_1(n) + nm - \frac{1}{2}(m+n)^2 \\ &= f_1(m) + f_1(n) - \frac{1}{2}m^2 - \frac{1}{2}n^2 \\ &= f_1(m) - \frac{1}{2}m^2 + f_1(n) - \frac{1}{2}n^2 \\ &= g_1(m) + g_1(n) \end{aligned}$$

이기 때문이다. $\mathbb{N}$ 위에서 위의 코시함수방정식의 해는 $g_1(n) = cn$ 으로 주어지며 c는 임의의 상수이다. 한편 $g_1(n) = f_1(n) - \frac{n^2}{2}$ 이므로

$$f_1(n) = cn + \frac{n^2}{2}$$

이다. $f_1(1) = 1$ 이므로 $c = 1 - \frac{1}{2} = \frac{1}{2}$ 을 얻을 수 있다. 그러므로

$$f_1(n) = \frac{n(n+1)}{2}$$

이다.

【... 자연수 1부터 n까지 2차 멱승의 합 ...】

임의의 $n, m \in \mathbb{N}$에 대하여

$$\begin{aligned} f_2(m+n) &= 1^2 + 2^2 + \cdots + m^2 + (m+1)^2 + \cdots + (m+n)^2 \\ &= f_2(m) + (1^2 + 2^2 + \cdots + n^2) \\ &\quad + 2m(1 + 2 + \cdots + n) + m^2 n \\ &= f_2(m) + f_2(n) + mn^2 + m^2 n + mn \end{aligned}$$

이며 함수 $g_2 : \mathbb{N} \to \mathbb{N}$ 를

$$g_2(n) = f_2(n) - \frac{1}{2}n^2 - \frac{1}{3}n^3, \quad n \in \mathbb{N}$$

로 정의하면 우리는 다음과 같은 결론을 얻을 수 있다. 임의의 $n, m \in \mathbb{N}$ 에 대하여

$$g_2(m+n) = g_2(m) + g_2(n)$$

왜냐하면

$$\begin{aligned} g_2(m+n) &= f_2(m+n) - \frac{1}{2}(m+n)^2 - \frac{1}{3}(m+n)^3 \\ &= f_2(m) - \frac{1}{2}m^2 - \frac{1}{3}m^3 + f_2(n) - \frac{1}{2}n^2 - \frac{1}{3}m^3 \\ &= g_2(m) + g_2(n) \end{aligned}$$

이기 때문이다. $\mathbb{N}$ 위에서 위의 코시함수방정식의 해는 $g_2(n) = cn$ 으로 주어지며 c 는 임의의 상수이다. 한편

$$cn = f_2(n) - \frac{n^2}{2} - \frac{n^3}{3}$$

이므로

$$f_2(n) = cn + \frac{n^2}{2} + \frac{n^3}{3}$$

이다. $f_2(1) = 1$ 이므로 $1 = c + \frac{1}{2} + \frac{1}{3}$ 을 얻을 수 있다. 그러므로

$$f_2(n) = \frac{n(n+1)(2n+1)}{6}$$

이다.

【... 자연수 1부터 n까지 k차 멱승의 합 ...】

임의의 k에 대하여 점화식을 얻기 위해 이항정리를 사용한다. 1부터 n까지 k멱승의 합을 얻기 위하여 함수방정식을 사용한다. 임의의 $n, m \in \mathbb{N}$에 대하여

$$\begin{aligned} f_k(n+m) &= 1^k + 2^k + \cdots + m^k + (n+1)^2 + \cdots + (n+m)^k \\ &= f_k(n) + \sum_{i=0}^{k} \binom{k}{i} n^i 1^{k-i} + \cdots + \sum_{i=0}^{k} \binom{k}{i} n^i m^{k-i} \\ &= f_k(n) + \sum_{i=0}^{k} \binom{k}{i} n^i \left[1^{k-i} + \cdots + m^{k-i}\right] \\ &= f_k(n) + \sum_{i=0}^{k} \binom{k}{i} n^i f_{k-i}(m) \\ &= f_k(n) + f_k(m) + \sum_{i=1}^{k} \binom{k}{i} n^i f_{k-i}(m) \end{aligned}$$

따라서 다음 점화식을 얻을 수 있다. 임의의 $n, m \in \mathbb{N}$에 대하여

$$f_k(n+m) - f_k(n) - f_k(m) = \sum_{i=1}^{k} \binom{k}{i} n^i f_{k-i}(m) \quad (3.5)$$

위의 점화식을 풀기 위한 방법은 여러 가지가 있다. 몇 가지를 여기서 보기로 한다. 임의에 $k \in \mathbb{N}$에 대하여 $f_k(1) = 1$이고 $f_0(m) = m$에 주의하자.

【... $n = 1$일 때 계산 ...】

이 방법은 아마 가장 간단하고 직접적인 방법이다. 모든 $m \in \mathbb{N}$에 대하여 $n = 1$로 잡으면

$$f_k(1+m) - f_k(1) - f_k(m) = \sum_{i=1}^{k} \binom{k}{i} n^i f_{k-i}(m)$$

즉,

$$(1+m)^k - 1 = \sum_{i=1}^{k} \binom{k}{i} n^i f_{k-i}(m)$$

로 간단한 점화식이다. $k = 2$로 놓으면

$$(1+m)^2 - 1 = 2f_1(m) + f_0(m) = 2f_1(m) + m$$

이므로

$$f_1(m) = \frac{m(m+1)}{2}$$

이다. $k = 3$ 으로 놓으면

$$\begin{aligned} m^3 + 3m^2 + 3m &= (m+1)^3 - 1 \\ &= 3f_2(m) + 3f_1(m) + f_0(m) \\ &= 3f_2(m) + 3\frac{m(m+1)}{2} + m \end{aligned}$$

이므로

$$f_2(n) = \frac{m(m+1)(2m+1)}{6}$$

이다. (3.5)의 왼쪽 식이 m, n에 대해 대칭이므로 다음을 얻을 수 있다.

$$\sum_{i=1}^{k}\binom{k}{i}n^i f_{k-i}(m) = \sum_{i=1}^{k}\binom{k}{i}m^i f_{k-i}(n),\ m, n \in \mathbb{N}$$

$m = 1$과 $f_k(1) = 1$을 이용하여 다음을 얻을 수 있다.

$$\sum_{i=1}^{k}\binom{k}{i}n^i f_{k-i}(1) = \sum_{i=1}^{k}\binom{k}{i}f_{k-i}(n),\ n \in \mathbb{N}$$

즉,

$$\sum_{i=1}^{k}\binom{k}{i}f_{k-i}(n) = (1+n)^k - 1$$

이다. 마지막 등식으로부터 다음 등식을 얻을 수 있다. 임의의

$n \in \mathbb{N}$에 대하여

$$kf_{k-1}(n) = (1+n)^k - 1 - \sum_{i=1}^{k} \binom{k}{i} f_{k-i}(n)$$

즉, 임의의 $n \in \mathbb{N}$, $k = 1, 2, \cdots$ 에 대하여 $f_0(n) = n$을 이용하여 다음 점화식을 얻을 수 있다.

$$f_{k-1}(n) = \frac{(1+n)^k - 1 - \sum_{i=1}^{k} \binom{k}{i} f_{k-i}(n)}{k}$$

【... 자연수 1부터 n까지 홀수의 합 ...】

Kolmogorov가 어렸을 때, 1에서 n까지 홀수의 합을 생각했다. 그는

$$1 + 3 + 5 + \cdots + 2n - 1 = n^2$$

라는 것을 보였다. 기하학적으로 보면,

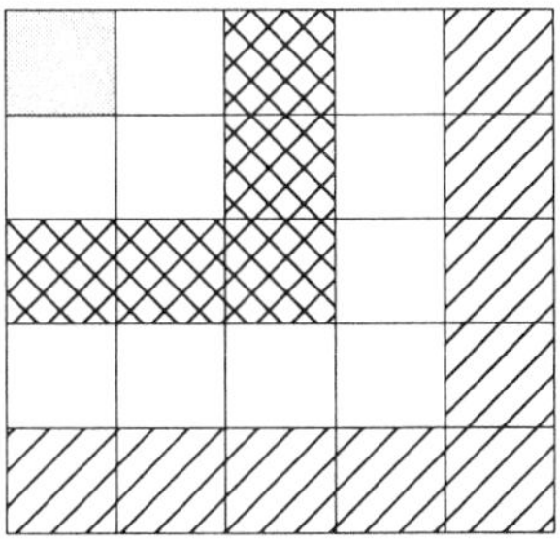

임의의 홀수 k에 대하여 다음 그림의 사각형의 들의 합으로

$$1+3+5+7+9=5^2$$

임을 얻을 수 있다.

■ 예제 3.4.1

$$\begin{aligned}
&1+3+5+\cdots+(2n-1)\\
&=\sum_{i=1}^{2n} i-2\sum_{i=1}^{n} i=f_1(2n)-2f_1(n)\\
&=\frac{2n(2n+1)}{2}-2\frac{n(n+1)}{2}\\
&=n(2n+1-n-1)=n^2
\end{aligned}$$

홀수 정수의 멱승의 합

$$\begin{aligned}
&1^k+2^k+5^k+\cdots+(2n-1)^k\\
&=\sum_{i=1}^{2n} i^k-2^k\sum_{i=1}^{n} i^k\\
&=f_k(2n)-2^k f_k(n)
\end{aligned}$$

을 얻는다.

■ 예제 3.4.2

$$\begin{aligned}
1^2+3^2+5^2+\cdots+(2n-1)^2&=\sum_{i=1}^{2n} i^2-2^2\sum_{i=1}^{n} i^2\\
&=f_2(2n)-2^2f_2(n)\\
&=\frac{1}{3}n(4n^2-1)
\end{aligned}$$

$$\begin{aligned} 1^3+3^3+5^3+\cdots+(2n-1)^3 &= \sum_{i=1}^{2n} i^3 - 2^3 \sum_{i=1}^{n} i^3 \\ &= f_3(2n) - 2^3 f_3(n) \\ &= n^2(2n^2-1) \end{aligned}$$

이다.

【... Erdos-Moser 추측에 대한 증명 ...】

Paul Erdous는 $1^1+2^1=3^1$을 제외하고는

$$1^n+2^n+\cdots+(m-1)^n = m^n \tag{3.6}$$

방정식의 해는 존재하지 않는다고 추측을 했다.

1953년 Leo Moser는 $m < 10^{10^6}$인 m에 대하여 해가 존재하지 않는다는 것을 증명했다.

[추측 3.4.4] $n, m \in \mathbb{N}$에 대하여

$$\sum_{j=1}^{n} j^m = (n+1)^m \tag{3.7}$$

또는

$$1^m+2^m+\cdots+n^m = (n+1)^m \tag{3.8}$$

은 $1^1+2^1=3^1$을 제외하고는 위 방정식의 해는 존재하지 않는다.

(a) $m=1$일 경우

$m=1$일 경우는 1부터 n까지의 합

$$1+2+\cdots+n=\frac{n(n+1)}{2} \tag{3.9}$$

이 잘 알려져 있다. (3.7) 방정식의 n, m에 대한 해를 알아보기 위해 $[n, m]$이란 기호를 사용한다. (3.7)이 $[n, 1]$에 대하여 해를 가진다는 것을 보이기 위해 우리는 다음 식을 풀면 된다.

$$n+1=\frac{1}{2}n(n+1) \tag{3.10}$$

위 (3.10)식을 풀면 $n=2$ 또는 $n=-1$을 얻는다. 따라서 $[n, 1]$에 대하여 양의 해 $n=2$는 $1+2=3$을 만족한다.

(b) $m=2$인 경우

우리는 1에서 n까지 제곱의 합을 이용한다.

$$1^2+2^2+\cdots+n^2=\frac{n(n+1)(2n+1)}{6} \tag{3.11}$$

(3.7)이 $[n, 2]$에 대하여 해를 가지지 않는다는 것을 보이기 위해 우리는 다음 식을 풀면 된다.

$$(n+1)^2=\frac{n(n+1)(2n+1)}{6} \tag{3.12}$$

따라서 $[n, 2]$에 대하여 양의 해는 존재하지 않는다.

(c) $m = 3$인 경우

우리는 1에서 n까지 3승의 합을 이용한다.

$$1^3 + 2^3 + \cdots + n^3 = \left(\frac{n(n+1)}{2}\right)^2 \tag{3.13}$$

(3.7)이 $[n, 3]$에 대하여 해를 해를 가지지 않는다는 것을 보이기 위해 우리는 다음 식을 풀면 된다.

$$(n+1)^3 = \left(\frac{n(n+1)}{2}\right)^2 \tag{3.14}$$

(3.14)식은 $n + 1 = \frac{1}{4}n^2$을 만족한다.
따라서 해는 $n = 2 \pm 2\sqrt{2}$를 얻는다. 그러므로 $[n, 3]$에 대하여 양의 해는 존재하지 않는다.

4 베르누이 수에 대한 탐구

4.1 기초준비

$n, k\,(k \geq 1)$ 양의 정수로 잡자. $S_n(k)$를 1에서 $k-1$까지 양의 정수의 n승의 합으로 표시하자.

$$1+2+3+\cdots+k-1 = \frac{1}{2}k^2 - \frac{1}{2}k$$

$$1^2+2^2+3^2+\cdots+(k-1)^2 = \frac{1}{3}k^3 - \frac{1}{2}k^2 + \frac{1}{6}k$$

$$1^3+2^3+3^3+\cdots+(k-1)^3 = \frac{1}{2}k^4 - \frac{1}{2}k^3 + \frac{1}{4}k^2$$

....

$S_1 = 1+2+\cdots+(k-1)$과 $S_1 = (k-1)+(k-2)+\cdots+1$의 두 식을 더하면 $2S_1 = k+k+\cdots+k$이다. 일반적으로

$$(j+1)^2 - j^2 = 2j+1,\ (j = 0, 1, 2, \ \cdots, k-1)$$

이므로

$$k^2 = 2[1+2+\cdots+k-1]+k$$

이다. 따라서

$$1+2+\cdots+k-1 = \frac{1}{2}k^2 - \frac{1}{2}k$$

를 얻는다. 또한

$$(j+1)^3 - j^3 = 3j^2+3j+1,\ (j=0,1,2,\ \cdots, k-1)$$

이므로

$$k^3 = 3[1^2+2^2+\cdots+(k-1)^2]+2[1+2+\cdots+k-1]+k$$

이다. 따라서

$$1^2+2^2+3^2+\cdots+(k-1)^2 = \frac{1}{3}k^3 - \frac{1}{2}k^2 + \frac{1}{6}k$$

를 얻는다. $n \in \mathbb{N}$에 대하여

$$S_n(k) = 1^n + 2^n + \cdots + (k-1)^n = \int_0^n B_n(x)dx$$

여기서 베르누이 다항식 $B_n(x)$는 다음과 같다.

$$B_0(x) = 1,$$

$$B_1(x) = x - \frac{1}{2},$$

$$B_2(x) = x^2 - x + \frac{1}{6}$$

$$B_3(x) = x^3 - \frac{3}{2}x^2 + \frac{1}{2}x$$

$$B_4(x) = x^4 - 2x^3 + x^2 - \frac{1}{30}$$

$$B_5(x) = x^5 - \frac{5}{2}x^4 + \frac{5}{3}x^3 - \frac{1}{6}x$$

$$B_6(x) = x^6 - 3x^5 + \frac{5}{2}x^4 - \frac{1}{2}x^2 + \frac{1}{42}$$

$$B_7(x) = x^7 - \frac{7}{2}x^6 + \frac{7}{2}x^5 - \frac{7}{6}x^3 + \frac{1}{6}x$$

$$B_8(x) = x^8 - 4x^7 + \frac{14}{3}x^6 - \frac{7}{3}x^4 + \frac{2}{3}x^2 - \frac{1}{30}$$

$$B_9(x) = x^9 - \frac{9}{2}x^8 + 6x^7 - \frac{21}{5}x^5 - 2x^3 - \frac{3}{10}x$$

$$B_{10}(x) = x^{10} - 5x^9 + \frac{15}{2}x^8 - 7x^6 + 5x^4 - \frac{3}{2}x^2 + \frac{5}{66}$$

등이다. 또한

$$B_n(k+1) = (B+1+k)^n = \sum_{i=0}^{n} \binom{n}{k} (B+1)^k k^{n-j}$$

이므로 다음에 주의하자.

$$B_n(k+1) - B_n(k) = nk^{n-1}$$

왜냐하면,

$$\sum_{i=0}^{n}\binom{n}{k}(B+1)^k k^{n-j} - \sum_{j=0}^{n}\binom{n}{k}B^j k^{n-j}$$
$$= \binom{n}{1}(B+1)^1 k^{n-1} - \binom{n}{1}B_1 k^{n-1} = nk^{n-1}$$

이기 때문이다. 따라서

$$(B_n(1) - B_n(0)) + (B_2(2) - B_n(1))$$
$$+\cdots+ (B_n(k) - B_n(k-1))$$
$$= n(0^{n-1} + 1^{n-1} +\cdots+ (k-1)^{n-1})$$

이다.

양변에 n으로 나누면

$$\frac{B_n(k) - B_n(0)}{n} = S_{n-1}(k) = \int_0^k B_{n-1}(x)dx$$

이것으로부터 우리는 다음을 얻을 수 있다.

$$B_n(x) = n\int_0^x B_{n-1}(t)dt + B_n(0)$$

$$S_n(k) = \frac{B_{n+1}(k) - B_{n+1}(0)}{n+1}$$
$$= \frac{1}{n+1}\sum_{j=0}^{n+1}\binom{n+1}{j}B_j k^{n+1-j} - B_{n+1}$$

다음은 잘 알려진 사실이다.

$$B_1(x) = x + B_1$$

$$B_2(x) = x^2 + 2B_1x + B_2$$

$$B_3(x) = x^3 + 3B_1x^2 + 3B_2x + B_3$$

$$B_4(x) = x^4 + 4B_1x^3 + 6B_2x^2 + 4B_3x + B_4$$

$$B_5(x) = x^5 + 5B_1x^4 + 10B_2x^3 + 10B_3x^2 + 5B_4x + B_5$$

....

$$B_n(x) = \sum_{i=0}^{n} \binom{n}{i} B_i x^{n-i}$$

$$\begin{aligned} B_n(k) = \int_0^k B_n(x)dx) &= \int_0^k \sum_{i=0}^{n} \binom{n}{i} B_i x^{n-i} dn \\ &= \sum_{i=0}^{n} \binom{n}{i} \frac{B_i}{n+1-i} k^{n+1-i} \\ &= \frac{1}{n+1} \sum_{i=0}^{n} \binom{n+1}{i} B_i k^{n+1-i} \end{aligned}$$

이므로 다음에 주의하자.

$$B_n = S_n^{'}$$

여기서, $S_n(k) = \frac{1}{n+1} \sum_{i=0}^{n} \binom{n+1}{i} B_i k^{n+1-i}$ 이다.

또한

$$B_n(k+1) - B_n(k) = nk^{n-1}$$

$$\rightarrow B_{n+1}(k+1) - B_{n+1}(k) = (n+1)k^n$$

$$\rightarrow \sum_{j=0}^{n+1}\binom{n+1}{j}B_j(k) - B_{n+1}(k) = (n+1)k^n$$

$$\rightarrow B_n(k)(n+1) + \sum_{j=0}^{n-1}\binom{n+1}{j}B_j(k) = (n+1)k^n$$

$$\rightarrow B_n(k)(n+1) = (n+1)k^n - \sum_{j=0}^{n-1}\binom{n+1}{j}B_j(k)$$

$$\rightarrow (n+1)B_n(0) = (n+1)0^n - \sum_{i=0}^{n-1}\binom{n+1}{i}B_i(0)$$

이므로

$$(n+1)B_n = -\sum_{i=0}^{n-1}\binom{n+1}{i}B_i$$

를 얻는다.

4.2 베르누이 수

n을 자연수로 하자. 다음은 잘 알려진 합 공식이다.

$$1+2+3+\cdots+n = \frac{1}{2}(n(n+1))$$

$$1^2+2^2+3^2+\cdots+n^2 = \frac{n(n+1)(2n+1)}{6}$$

$$1^3+2^3+3^3+\cdots+n^3 = \left[\frac{n(n+1)}{2}\right]^2$$

한국의 고등학교에서 이런 주제들은 중요하게 다루어지고 있다. 그러면 계속해서 다음 결과들을 보자.

$$1^4+2^4+3^4+\cdots+n^4=\frac{n(n+1)(2n+1)(3n^2+3n-1)}{30}$$

$$1^5+2^5+3^5+\cdots+n^5=\frac{n^2(n+1)^2(2n^2+2n-1)}{12}$$

$$1^6+2^6+3^6+\cdots+n^6$$
$$=\frac{n(n+1)(2n+1)(3n^4+6n^3-3n+1)}{42}$$

$$1^7+2^7+3^7+\cdots+n^7$$
$$=\frac{n^2(n+1)^2(3n^4+6n^3-n^2-4n+2)}{24}$$

$$1^8+2^8+3^8+\cdots+n^8$$
$$=\frac{n(n+1)(2n+1)(5n^6+15n^5+5n^4-15n^3-n^2+9n-3)}{90}$$

$$1^9+2^9+3^9+\cdots+n^9$$
$$=\frac{n^2(n+1)^2(n^2+n-1)(2n^4+4n^3-n^2-3n+3)}{20}$$

등을 얻는다. Jacob Bernoulli (ARS Conjectandi, 1713)에서 임의의 자연수 k에 대하여 합 $\sum_{r=1}^{n} r^k$에 대한 공식을 찾는 방법을 처음으로 소개했다. Rademacher의 책 "Topics in analytic number theory"(1969)에서 Bernoulli 형태 이후에 합을 찾는 방법에 대해 논하였다. 그러나 우리는 오일러에 의한 해석적 방법을 여기서 소개하기로 한다.

4.3 베르누이 다항식

$|t| < 2\pi$인 t에서

$$G(t) = B_0 + \frac{B_1}{1!}t + \frac{B_2}{2!}t^2 + \cdots + \frac{B_n}{n!}t^n + \cdots$$

$t = 0$에서 테일러전개를 고려하자. 계수 B_n을 n차 베르누이 수라고 부른다. 쉽게 $G(t) + \frac{1}{2}t$는 기함수임을 알 수 있다. 따라서 홀수 $k > 1$에 대하여 $B_k = 0$을 얻을 수 있다. 이러한 수들에 대한 점화식은 다음과 같이 얻을 수 있다.

$$\frac{e^t - 1}{t} = \sum_{n=0}^{\infty} \frac{1}{(n+1)!} t^n \text{에서}$$

$$\begin{aligned} 1 = G(t)\frac{e^t - 1}{t} &= \sum_{l=0}^{\infty} \frac{B_l}{l!} t^l \sum_{n=0}^{\infty} \frac{1}{(n+1)!} t^n \\ &= \sum_{n=0}^{\infty} \left(\sum_{k=0}^{n} \frac{B_k}{k!} \frac{1}{(n+1)!} \right) t^n \end{aligned}$$

이므로 다음을 얻을 수 있다. $B_0 = 1$이고 임의의 $n > 0$에 대하여

$$\sum_{k=0}^{n} \frac{B_k}{k!} \frac{1}{(n+1)!} = 0 \tag{4.1}$$

그러므로 $n!$를 곱하면 다음 점화식을 얻는다.

$$B_n = -\sum_{k=0}^{n-1} \frac{n!}{k!(n-k+1)!} B_k \ (n > 0)$$

이며 이 베르누이 수는 유리수임을 알 수 있다. 이 점화식을 이용하여 처음 16까지 베르누이 수를 찾을 수 있다. 즉,

$$\begin{aligned} &B_0 = 1,\ B_1 = -1/2,\ B_2 = 1/6,\ B_4 = -1/30, \\ &B_6 = 1/42,\ B_8 = -1/30,\ B_{10} = 5/66,\ B_{12} = -691/2730, \\ &B_{14} = 7/6,\ B_{16} = -3617/510, \\ &B_{18} = 43867/798,\ B_{20} = -174611/330,\ \cdots \end{aligned}$$

x를 다른 변수로 잡고, 다음 함수를 고려하자.

$$F(t, x) = \frac{t}{e^t - 1} e^{xt}$$

그리고 $F(x,t) = \sum_{n=0}^{\infty} \frac{B_n(x)}{n!} t^n$ 로 놓자.

$$\begin{aligned} F(t, x) = G(t)e^{tx} &= \left(\sum_{n=0}^{\infty} \frac{B_n}{n!} t^n\right)\left(\sum_{n=0}^{\infty} \frac{x^n}{n!} t^n\right) \\ &= \sum_{n=0}^{\infty} \left(n! \sum_{k=0}^{n} \frac{B_k}{k!} \frac{x^{n-k}}{(n-k)!}\right) \frac{t^n}{n!} \\ &= \sum_{n=0}^{\infty} \left(\sum_{k=0}^{n} \binom{n}{k} B_k x^{n-k}\right) \frac{t^n}{n!} \end{aligned}$$

이므로 다음을 얻을 수 있다.

$$B_n(x) = \sum_{k=0}^{n} \binom{n}{k} B_k x^{n-k} \tag{4.2}$$

$B_n(x)$를 베르누이 다항식이라고 부른다. $B_n(0) = B_n$ 임이 명백하다. 다음 아래 symbolic 계산을 소개한다.

$p(t) = \sum_{k=0}^{n} C_n t^n$를 변수 t에 대한 다항식으로 두자. 그 때, $p(B) = \sum_{k=0}^{n} C_n B_k$ 이다. 예를 들면, $p(t) = (3+t)^2$일 때

$$p(B) = (3+B)^2 = 9 + 6B^1 + B^2 = 9 + 6B^1 + B_2$$

이다. 베르누이 다항식 (4.2)는 symbolic 형태로 다음과 같이 주어질 수 있다.

$$B_n(x) = (x+B)^n$$

(4.1)에 양 변에 $(n+1)!$를 곱하면 우리는 다음을 얻는다.

$$\sum_{k=0}^{n} \binom{n+1}{k} B_k = 0\ (n > 0)$$

이 점화식은 symbolic 형태로 다시 표현하면

$$(1+B)^{n+1} - B^{n+1} = 0$$

로 쓸 수 있다. $B_0 = 1$ 이므로 최고차계수가 1인 차수 n인 $B_n(x)$ 다항식은 다음과 같다.

$$B_0(x) = 1,$$

$$B_1(x) = x - \frac{1}{2},$$

$$B_2(x) = x^2 - x + \frac{1}{6}$$

$$B_3(x) = x^3 - \frac{3}{2}x^2 + \frac{1}{2}x$$

$$B_4(x) = x^4 - 2x^3 + x^2 - \frac{1}{30}$$

$$B_5(x) = x^5 - \frac{5}{2}x^4 + \frac{5}{3}x^3 - \frac{1}{6}x$$

$$B_6(x) = x^6 - 3x^5 + \frac{5}{2}x^4 - \frac{1}{2}x^2 + \frac{1}{42}$$

$$B_7(x) = x^7 - \frac{7}{2}x^6 + \frac{7}{2}x^5 - \frac{7}{6}x^3 + \frac{1}{6}x$$

$$B_8(x) = x^8 - 4x^7 + \frac{14}{3}x^6 - \frac{7}{3}x^4 + \frac{2}{3}x^2 - \frac{1}{30}$$

$$B_9(x) = x^9 - \frac{9}{2}x^8 + 6x^7 - \frac{21}{5}x^5 - 2x^3 - \frac{3}{10}x$$

$$B_{10}(x) = x^{10} - 5x^9 + \frac{15}{2}x^8 - 7x^6 + 5x^4 - \frac{3}{2}x^2 + \frac{5}{66}$$

등이다. 두 가지 방법으로 $\dfrac{e^{nt}-1}{t}\dfrac{t}{e^t-1}$ 를 테일러 전개를 하자.

$$\frac{e^{nt}-1}{t}\frac{t}{e^t-1} = \frac{e^{(n+1)t}-1}{e^t-1} = \sum_{r=0}^{n} e^{rt}$$

$$\frac{e^{nt}-1}{t}\frac{t}{e^t-1} = \sum_{r=0}^{n}\sum_{k=0}^{\infty}\frac{r^k t^k}{k!} = \sum_{k=0}^{\infty}\left(\sum_{r=0}^{n}\frac{r^k}{k!}\right)t^k$$

한편

$$
\begin{aligned}
\frac{e^{nt}-1}{t}\frac{t}{e^t-1} &= \frac{1}{t}(F(t,n+1)-G(t)) \\
&= \frac{1}{t}\sum_{k=0}^{\infty}\left(\frac{B_k(n+1)}{k!}-\frac{B_k}{k!}\right)t^k \\
&= \sum_{k=0}^{\infty}\frac{B_{k+1}(n+1)-B_{k+1}}{(k+1)!}t^k
\end{aligned}
$$

이므로 계수들을 비교하면, 다음 베르누이의 공식을 얻는다.

$$
\sum_{r=0}^{n} r^k = \frac{1}{k+1}(B_{k+1}(n+1)-B_{k+1}(0))
$$

예를 들면, $k=2$로 잡으면

$$
\begin{aligned}
\sum_{r=0}^{n} r^2 &= \frac{1}{3}(B_3(n+1)-B_3(0)) \\
&= \frac{1}{3}\left((n+1)^3-\frac{3}{2}(n+1)^2+\frac{1}{2}(n+1)\right) \\
&= \frac{1}{6}(2n^3+3n^2+n)
\end{aligned}
$$

을 얻을 수 있다. 같은 방법으로 앞에서 소개한 모든 식을 얻을 수 있다.

4.4 Riemann 제타 함수

먼저 이 절에서 복소함수이론을 필요하다. z를 복소수라 하자. 충분히 작은 $|z|$에 대하여 테일러 전개

$$G(z) = B_0 + \frac{B_1}{1!}z + \frac{B_2}{2!}z^2 + \cdots + \frac{B_n}{n!}z^n + \cdots$$

를 고려하자. 리만 제타함수를 다음과 같이 정의한다.

$$\zeta(s) = \sum_{n=1}^{\infty} \frac{1}{n^s}, \ s \in \mathbb{C}$$

만약 $Re\zeta(s) > 1$이면 이 급수는 절대수렴한다. 짝수인 자연수에 대하여 다음 특별한 값을 가진다.

$$\zeta(2k) = \frac{2^{2k-1}\pi^{2k}|B_k|}{(2k)!}, \ k = 1, 2, \cdots$$

또한 두 방법으로 $z\cot z$을 전개하자.

먼저 부분분수로 표현하면

$$z\cot z = 1 + 2\sum_{n=1}^{\infty} \frac{z^2}{z^2 - n^2\pi^2}$$

이다. 이 때

$$
\begin{aligned}
&z\cot z \\
&= 1 + 2\sum_{n=1}^{\infty}\frac{z^2}{n^2\pi^2}\left(\frac{1}{1-\frac{z^2}{n^2\pi^2}}\right) = 1 - 2\sum_{n=1}^{\infty}\frac{z^2}{n^2\pi^2}\sum_{k=0}^{\infty}\frac{z^{2k}}{n^{2k}\pi^{2k}} \\
&= 1 - 2\sum_{k=0}^{\infty}\left(\sum_{n=1}^{\infty}\frac{1}{n^{2k+2}}\right)\frac{z^{2k+2}}{\pi^{2k+2}} \\
&= 1 - 2\sum_{k=1}^{\infty}\left(\frac{1}{\pi^{2k}}\sum_{n=1}^{\infty}\frac{1}{n^{2k}}\right)z^{2k}
\end{aligned}
$$

를 얻는다. 또한 다른 한 방법으로 전개하면

$$
z\cot z = z\frac{\cos z}{\sin z} = z\frac{\frac{e^{iz}+e^{-iz}}{2}}{\frac{e^{iz}-e^{-iz}}{2i}} = iz\frac{e^{iz}+e^{-iz}}{e^{iz}-e^{-iz}} = iz\frac{e^{2iz}+1}{e^{2iz}-1}
$$

$$
\begin{aligned}
&= iz\left(\frac{2}{e^{2iz}-1}+1\right) = \frac{2iz}{e^{2iz}-1} + iz \\
&= G(2iz) + iz \\
&= 1 + \sum_{k=1}^{\infty}\frac{(-1)^k 2^{2k}B_{2k}}{(2k)!}z^{2k}
\end{aligned}
$$

를 얻는다. 위 두 식에서 계수를 비교하면 다음을 얻을 수 있다.

$$
\sum_{n=1}^{\infty}\frac{1}{n^{2k}} = \frac{(-1)^{k+1}2^{2k-1}\pi^{2k}B_{2k}}{(2k)!}
$$

임의의 $k \in \mathbb{N}$에 대하여 $\zeta(2k) > 0$이므로 오일러 공식을 얻는다. 또한 $(-1)^{k+1}B_{2k} > 0$임을 보일 수 있다.

4.5 Dedekind 제타 함수

먼저 K를 대수체라 하자. N을 $\mathbb{Q}$상에서 노름(norm)으로 나타낸다. Dedekind 제타함수를 다음과 같이 정의한다.

$$\zeta_K(s) = \sum_{\eta} N(\eta)^{-s}$$

K상에서 모든 정수 이데알 집합 η에서 합을 한다. 베르누이 수는 리만제타함수의 특별한 값을 얻는데 유용하다. 또한 Dedekind 제타함수의 값을 얻는데도 유용하다. K를 실 이차체(real quadratic)라 하자. D_k를 K의 판별식이라 하고 $\left(\frac{D_k}{l}\right)$를 Kronecker 기호이다. 이 때

$$\zeta_K(2k) = \frac{2^{4k-2}\pi^{4k}B_{2k}}{(2k)!^2\sqrt{D_k}}\sum_{l=1}^{D_k}\left(\frac{D_k}{l}\right)B_{2k}\frac{l}{D_k},\ k = 1, 2, \cdots$$

를 얻는다. 예를 들면 $K = \mathbb{Q}(\sqrt{79})$로 잡고 $k = 1$이면 $D_k = 316$이고

$$\begin{aligned}\zeta_K(2) &= \frac{2^2\pi^4(1/6)}{2^2\sqrt{316}}\sum_{l=1}^{316}\left(\frac{316}{l}\right)B_2\frac{l}{316}\\ &= \frac{\pi^4}{12\sqrt{79}}\sum_{l=1}^{316}\left(\frac{316}{l}\right)\left(\frac{l}{316}-\frac{1}{2}\right) = \frac{14\pi^4}{79\sqrt{79}}\end{aligned}$$

를 얻는다.

4.6 오일러 수

$\dfrac{\sin z}{z} = \prod_{n=1}^{\infty}\left(1 - \dfrac{z^2}{n^2\pi^2}\right)$은 잘 알려진 사실이다. 따라서

$$\log\sin z - \log z = \sum_{n=1}^{\infty}\log\left(1 - \frac{z^2}{n^2\pi^2}\right)$$

$$\to \frac{\cos z}{\sin z} - \frac{1}{z} = -\sum_{n=1}^{\infty}\frac{2z}{n^2\pi^2 - z^2}$$

$$\to 1 - z\cot z = 2\sum_{n=1}^{\infty}\frac{z^2}{n^2\pi^2 - z^2} = 2\sum_{n=1}^{\infty}\frac{z^2}{1-(z/n\pi)^2}$$

$$= 2\sum_{n=1}^{\infty}\left(\frac{z}{n\pi}\right)^2\sum_{m=0}^{\infty}\left(\frac{z}{n\pi}\right)^{2m} = 2\sum_{m=1}^{\infty}\frac{1}{\pi^{2m}}\left(\sum_{n=1}^{\infty}\frac{1}{n^{2m}}\right)z^{2m}$$

$$= 2\sum_{m=1}^{\infty}\frac{\zeta(2m)}{\pi^{2m}}z^{2m}$$

"짝수 번째"에 대한 베르누이 수 B_{2n}을 생성함수로 다음과 같이 정의함에 주의하자.

$$\frac{x}{e^x - 1} - \frac{1}{2}x = \sum_{n=0}^{\infty}\frac{B_{2n}}{(2n)!}x^{2n}$$

또한 "홀수 번째"에 대한 오일러 수 E_{2n+1}을 생성함수로 다음과 같이 정의한다.

$$x\sec x = \sum_{n=0}^{\infty}\frac{E_{2n+1}}{(2n+1)!}x^{2n+1}$$

이때 짝수 번째에 대한 베르누이 수에 대하여 다음을 얻는다. 임의의 $m \geq 1$,

$$\frac{4^m - 1}{4^m}\zeta(2m)$$
$$= \sum_{n=0}^{\infty}\frac{1}{(2n+1)^{2m}} = (-1)^{m-1}\frac{4^m(4^m-1)}{2(2m)!}B_{2m}\left(\frac{\pi}{2}\right)^{2m} \tag{4.3}$$

또한 (4.3)과 탄젠트함수와 함께 다음을 얻는다.

$$\frac{x}{2}\tan x = \sum_{m=1}^{\infty}(-1)^{m-1}\frac{4^m(4m-1)}{2(2m)!}B_{2m}x^{2m}$$

유사하게 홀수 번째에 대한 오일러 수에 대하여 다음을 얻는다. 임의의 $m \geq 0$,

$$\sum_{n=0}^{\infty}\frac{(-1)^n}{(2n+1)^{2m+1}} = \frac{E_{2m+1}}{2(2m+1)!}\left(\frac{\pi}{2}\right)^{2m+1}$$

를 얻는다. 또한

$$\sum_{n=0}^{\infty}\frac{1}{(4n+1)^{2m+1}}$$
$$= \frac{E_{2m+1}}{4(2m+1)!}\left(\frac{\pi}{2}\right)^{2m+1} + \frac{2^{2m+1}-1}{2^{2m+2}}\zeta(2m+1)$$

을 얻는다. 그리고 다음 결과들에 주의하자.

$$\binom{k+1}{1}B_k+\binom{k+1}{2}B_{k-1}+\cdots+\binom{k+1}{k}B_1+B_0=0 \quad (4.4)$$

여기서 $B_0=1,\ B_1=-1/2,\ B_{2n+1}=0,\ n>0$ 이다.

$$(-1)^m\binom{2m+1}{1}E_1+(-1)^{m-1}\binom{2m+1}{3}E_3+\cdots$$
$$-\binom{2m+1}{2m-1}E_{m-1}+E_{2m+1}=0 \quad (4.5)$$

여기서 $E_1=1,\ E_{2n}=0,\ n\geq 0$ 이다. (4.4)와 (4.5)로부터 B_{2n}은 유리수이고 $\frac{E_{2n+1}}{2n+1}$은 양의 정수임을 보일 수 있다. 또한 아래 관계식을 보일 수 있다.

$$\sum_{j=1}^{\infty}(-1)^{j-1}4^j(4^j-1)\binom{2n+1}{2j}B_{2j}E_{2n-2j+1}=2nE_{2n+1}$$

4.7 오일러 다항식

$|t|<\pi$인 t에서 다음 생성함수로 오일러 수를 정의한다.

$$G(t)=\frac{2}{e^t+1}=e^{Et}=\sum_{n=0}^{\infty}E_n\frac{t^n}{n!} \quad (4.6)$$

여기서 $n\geq 0$에 대하여 기호로 E^n을 E_n으로 표기한다. x를 변

수로 잡고

$$F(t, x) = \frac{2}{e^t + 1} e^{xt}$$

를 고려하자. $G(t)$와 마찬가지로

$$F(t, x) = \sum_{n=0}^{\infty} E_n(x) \frac{t^n}{n!}$$

로 놓으면 다음 결과에 주의하자.

$$F(x, t) = G(t) e^{xt} = \sum_{n=0}^{\infty} \left(\sum_{k=0}^{n} \binom{n}{k} E_k x^{n-k} \right) \frac{t^n}{n!} \tag{4.7}$$

따라서 오일러 다항식

$$E_n(x) = \sum_{k=0}^{n} \binom{n}{k} E_k x^{n-k}$$

을 얻는다. 또한 $E_n(0) = E_n$ 이다. 위의 오일러 수는 다음과 같이 다시 쓸 수 있다.

$$(E+1)^n + E_n = \begin{cases} 2, & n = 0 \\ 0, & n \neq 0, \end{cases} \tag{4.8}$$

여기서 $n \geq 0$에 대하여 기호로 E^n을 E_n으로 표기한다. (4.8)로부터, 다음을 이끌어 낼 수 있다.

$2 = (E+1)^0 + E_0$ 이므로 $E_0 = 1$ 이다.

$$0=(E+1)^1+E_1=\sum_{k=0}^{1}\binom{1}{k}E_k+E_1=2E_1+E_0$$ 이므로

$E_1=-\frac{1}{2}$ 이다.

$$0=(E+1)^2+E_2=E_2+2E_1+1+E_2=2E_2$$ 이므로

$E_2=0$ 이다.

$E_{2k}=0$ 임에 주의하여 위와 같은 방법으로 오일러 수를 구할 수 있다.

$$\begin{aligned}0&=(E+1)^3+E_3=E_3+3E_2+3E_1+1+E_3\\&=2E_3+3\left(-\frac{1}{2}\right)+1\end{aligned}$$

이므로 $E_3=\frac{1}{4}$ 이다.

임의의 양의 정수 n에 대하여

$$-2\sum_{l=0}^{\infty}(-1)^{l+n}e^{(l+n)t}+2\sum_{l=0}^{\infty}(-1)^{l}e^{lt}=2\sum_{l=0}^{n-1}(-1)^{l}e^{lt}\qquad(4.9)$$

를 쉽게 보일 수 있다. (4.9)식은 다음과 같다.

$$\frac{2}{e^t+1}-(-1)^{n}e^{nt}\frac{2}{e^t+1}=2\sum_{l=0}^{\infty}(-1)^{l}e^{lt}\qquad(4.10)$$

(4.6), (4.7), (4.10)에 의하여, 다음을 쉽게 증명할 수 있다.

$$\sum_{m=0}^{\infty}\left(E_m+(-1)^{n+1}E_m(n)\right)\frac{t^n}{n!}=\sum_{m=0}^{\infty}\left(2\sum_{l=0}^{n-1}(-1)^{l}l^m\right)\frac{t^m}{m!}$$

따라서 다음 정리를 얻을 수 있다.

[정리 4.7.1] 임의의 $m, n \in \mathbb{N}$에 대하여

$$2\sum_{l=0}^{n-1}(-1)^l l^m = \frac{1}{2}((-1)^{n+1}E_m(n) + E_m)$$

를 얻는다.

예를 들면,

$$\begin{aligned}
&-1+2-3+4-5+\cdots+(-1)^{n-1}(n-1)\\
&=\frac{1}{2}((-1)^{n+1}E_1(n)+E_1)\\
&=\frac{1}{2}((-1)^{n+1}+\frac{n}{2}-\frac{1}{2})\\
&=\frac{1}{4}((-1)^n(n-1)-1)
\end{aligned}$$

이다. $\Gamma(s)$를 감마 함수로 할 때 다음을 얻는다.

$$\begin{aligned}
\frac{1}{\Gamma(s)}\int_0^\infty t^{s-1}F(-t,x)dt &= \frac{1}{\Gamma(s)}\int_0^\infty t^{s-1}\frac{1}{1+e^{-t}}e^{-xt}dt\\
&= \sum_{n=0}^\infty \frac{(-1)^n 2}{\Gamma(s)}\int_0^\infty t^{s-1}e^{-(n+x)t}dt\\
&= 2\sum_{n=0}^\infty \frac{(-1)^n}{(n+x)^s},\ s \in \mathbb{C}
\end{aligned}$$

그러므로 우리는 오일러-제타 함수를 다음과 같이 정의할 수 있다.

[정의 4.7.2] 임의의 $s \in \mathbb{C}, x \in \mathbb{R}\,(0 < x < 1)$에 대하여 오일러-제타 함수를

$$\zeta_E(s, x) = 2\sum_{n=0}^{\infty} \frac{(-1)^n}{(n+x)^s}$$

로 정의한다. $x = 1$인 특별한 경우

$$\zeta_E(s) = \zeta_E(s, 1) = 2\sum_{n=0}^{\infty} \frac{(-1)^{n-1}}{n^s}$$

로 정의한다.

[보조정리 4.7.3] 임의의 $s \in \mathbb{C}$에 대하여 다음을 얻는다.

$$\zeta_E(s, x) = \frac{2}{\Gamma(s)}\int_0^{\infty} t^{s-1} \frac{1}{1+e^{-t}} e^{-xt} dt$$

(4.7)식과 보조정리 4.7.3으로부터 다음 정리를 얻는다.

[정리 4.7.4] 임의의 $n \in \mathbb{N}$에 대하여 다음을 얻는다.

$$\zeta_E(-n, x) = E_n(x).$$

특히, $x = 1$인 경우 다음을 얻는다.

$$\zeta_E(-n) = \zeta_E(-n, 1) = E_n(1)$$

예제 4.7.1

[1]

$$\zeta_E(s) = \zeta_E(s,1) = 2\sum_{n=0}^{\infty}\frac{(-1)^n}{(n+1)^s} \Rightarrow \zeta_E(0) = 2\sum_{n=0}^{\infty}(-1)^n$$
$$= 2(1-1+1-1+1-1+\cdots)$$

$E_0(1) = 1$ 이므로

$1-1+1-1+\cdots = \frac{1}{2}$ 을 얻는다.

[2]

$$E_1(1) = \zeta_E(-1) = 2\sum_{n=0}^{\infty}(n+1)(-1)^n$$
$$= 2(1-2+3-4+\cdots)$$

이고 $E_1(1) = \frac{1}{2}$ 이므로

$1-2+3-4+\cdots = \frac{1}{4}$ 을 얻는다.

[3]

$$E_2(1) = \zeta_E(-2) = 2\sum_{n=0}^{\infty}(n+1)^2(-1)^n$$
$$= 2(1^2-2^2+3^2-4^2+\cdots)$$

이고 $E_2(1) = 0$ 이므로

$1^2-2^2+3^2-4^2+\cdots = 0$ 이다.

[4]

$$\begin{aligned} E_3(1) &= \zeta_E(-3) \\ &= 2\sum_{n=0}^{\infty}(n+1)^3(-1)^n \\ &= 2(1^3-2^3+3^3-4^3+\cdots) \end{aligned}$$

이고 $E_3(1) = -\dfrac{1}{4}$ 이므로

$1^3-2^3+3^3-4^3+\cdots = -\dfrac{1}{8}$ 이다.

예제 4.7.2

[1] $\zeta(s,x) = \displaystyle\sum_{n=0}^{\infty}\frac{1}{(n+x)^s} \Rightarrow \zeta(s,1) = \zeta(s)$

[2] $\zeta(1-n,x) = -\dfrac{B_n(x)}{n}$ 이므로

$\zeta(1-n,1) = -\dfrac{B_n(1)}{n} = -\dfrac{(B+1)^n}{n}$ 이다.

[3] $\zeta(0) = \displaystyle\sum_{n=0}^{\infty}1 = 1+1+1+\cdots$ 이고

$\zeta(0) = -\dfrac{1}{2}$ 이므로

$1+1+1+\cdots = -\dfrac{1}{2}$ 이다.

[4] $\zeta(-1) = \displaystyle\sum_{n=0}^{\infty}(n+1) = 1+2+3+4+\cdots$ 이고

$\zeta(-1) = -\dfrac{1}{12}$ 이므로

$1+2+3+4+\cdots = -\dfrac{1}{12}$ 임을 알 수 있다.

5 연속된 q-정수의 멱승의 합에 대한 탐구

5.1 기초준비

먼저 q는 복소수 값에서 정의된 임의의 미지수라고 하고, k는 정수라고 하면 우리는 q-정수를 다음과 같이 정의하고자 한다.

$$[k]_q = \frac{q^k - 1}{q - 1}$$

예를 들면,

$$[1]_q = \frac{q-1}{q-1} = 1,$$

$$[2]_q = \frac{q^2-1}{q-1} = q+1,$$

$$[3]_q = \frac{q^3-1}{q-1} = q^2+q+1,$$

....

$$[n]_q = \frac{q^n - 1}{q-1}$$

....

이라고 할 수 있다. 또한 우리는 쉽게 다음 식을 유도할 수 있다.

$$\lim_{q \to 1} [k]_q = k.$$

j를 어떤 정수라 가정하자. 그러면 우리는

$$\begin{aligned} [j+1]_q^2 - [j]_q^2 &= ([j]_q + q^j)^2 - [j]_q^2 \\ &= q^j(2[j]_q + q^j) \end{aligned} \tag{5.1}$$

을 쉽게 알 수 있다. 위 식으로부터,

$$\begin{aligned} [k]_q^2 &= \sum_{j=0}^{k-1}([j+1]_q^2 - [j]_q^2) \\ &= 2\sum_{j=0}^{k-1} q^j [j]_q + \frac{[2k]_q}{[2]_q} \end{aligned} \tag{5.2}$$

을 얻을 수 있게 된다. 그러므로,

$$\sum_{j=0}^{k-1} q^j [j]_q = \frac{1}{2}\left([k]_q^2 - \frac{[2k]_q}{[2]_q}\right) \tag{5.3}$$

을 자연스럽게 얻게 되어진다. (5.1) 식과 같은 방법으로, 간단한 계산을 하면

$$[j+1]_q^3 - [j]_q^3 = 3[j]_q^2\, q^{j+1} + 3[j]_q\, q^j + q^{3j} \tag{5.4}$$

가 된다. 식 (5.4)로부터, 우리는 역시 같은 방법으로

$$\sum_{j=0}^{k-1}[j]_q^2\, q^{j+1} = \frac{1}{3}[k]_q^3 - \frac{1}{2}\left([k]_q^2 - \frac{[2k]_q}{[2]_q}\right) - \frac{1}{3}\frac{[3k]_q}{[3]_q} \tag{5.5}$$

을 갖는다.

■ **예제 5.1.1** 식 (5.5)에서, $q = \dfrac{9}{10}$이라면,

$$\begin{aligned}&\left(\frac{9}{10}\right)^2 + \left(\frac{9}{10}\right)^3\left(1+\frac{9}{10}\right)^2 \\ &\qquad +\cdots+\left(\frac{9}{10}\right)^k\left[1+\left(\frac{9}{10}\right)+\cdots+\left(\frac{9}{10}\right)^{k-2}\right] \\ &= \frac{1}{3}\left(\frac{1}{1-9/10}\right)^3 - \frac{1}{2}\left[\left(\frac{1}{1-9/10}\right)^2 - \left(\frac{1}{1-(9/10)^2}\right)\right] \\ &\qquad - \frac{1}{3}\left(\frac{1}{1-(9/10)^3}\right)\end{aligned}$$

을 얻을 수 있다. q-정수의 정의로부터,

$$[j+1]_q^n - [j]_q^n = \sum_{k=0}^{n-1}\binom{n}{k}[j]_q^k\, q^{j(n-k)}$$

임을 얻을 수 있다. 여기에서 $j=0,\ 1,\ \cdots\ k-1$인 경우이다.

[정리 5.1.1] n, h가 정수이며, k가 1보다 큰 정수라 하고,

$$S_{n,q^h}(k) = \sum_{l=0}^{k-1} q^{hl}\,[\,l\,]_q^n$$

이라 놓는다면,

$$\sum_{i=0}^{n-1}\binom{n}{i} S_{i,q^{n-i}}(k) = \sum_{l=0}^{k-1}([l+1]_q^n - [l]_q^n) = [k]_q^n \tag{5.6}$$

을 얻을 수 있다. 이제, n을 $n+1$로 바꾸게 되면,

$$\begin{aligned}[k]_q^{n+1} &= \sum_{i=0}^{n}\binom{n+1}{i} S_{i,q^{n+1-i}}(k) \qquad (5.7)\\ &= \sum_{i=0}^{n-1}\binom{n+1}{i} S_{i,q^{n+1-i}}(k) + (n+1)S_{n,q}(k)\end{aligned}$$

을 얻게 되고, 더욱이,

$$S_{n,q}(k) = \frac{1}{n+1}\left([k]_q^{n+1} - \sum_{i=0}^{n-1}\binom{n+1}{i} S_{i,q^{n+1-i}}(k)\right) \tag{5.8}$$

임을 보게 된다.

q-베르누이 다항식 $\beta_{n,q}(x)$을 생성함수의 계수로 갖는 함수를 생각하면,

$$F_q(x, t) = e^{t/(1-q)} \frac{q-1}{\log q} - t\sum_{n=0}^{\infty} q^{n+x} e^{[n+x]_q t} \tag{5.9}$$
$$= \sum_{n=0}^{\infty} \frac{\beta_{n,q}(x)}{n!} t^n$$

이 되는데, 여기서 $|q|<1$, $|t|<1$이다. 이 경우 중에서 $x=0$. $\beta_{n,q}(=\beta_{n,q}(0))$는 q-베르누이 수라고 부른다. (5.9)식을 이용하면,

$$\beta_{n,q}(x) = \sum_{j=0}^{n} \binom{n}{j} q^{jx} \beta_{j,q} [x]_q^{n-j} \tag{5.10}$$
$$= \left(\frac{1}{1-q}\right)^n \sum_{k=0}^{n} (-1)^k \binom{n}{k} \frac{k}{[k]_q} q^{kx}$$

을 얻을 수 있다. (5.9)와 (5.10)에서, q-베르누이 수는

$$\beta_{0,q} = \frac{q-1}{\log q}, \tag{5.11}$$
$$(q\beta+1)^k - \beta_{k,q} = \delta_{k,1}$$

이 된다. 여기에서, $\delta_{k,1}$은 크로네커 부호이다. 우리는 보통 $\beta_{i,q}$를 β^i로 사용한다. 식 (5.9), (5.10)과 (5.11)을 이용하면,

$$-\sum_{l=0}^{\infty} q^{l+k} \exp([l+k]_q t) + \sum_{l=0}^{\infty} q^l \exp([l]_q t)$$
$$= \sum_{n=1}^{\infty} \left(n \sum_{l=0}^{k-1} q^l [l]^{n-1} \right) \frac{t^{n-1}}{n!}$$

을 얻을 수 있다. 이것으로부터, 우리는

$$\beta_{n,q}(k) - \beta_{n,q} = n\sum_{l=0}^{k-1} q^l [l]_q^{n-1} \tag{5.12}$$

을 얻는다. 자연스럽게, (5.8)과 (5.12)로부터 우리는 아래의 정리를 얻는다.

[정리 5.1.2] n은 음이 아닌 정수이고, $k>1$인 정수이면,

$$\begin{aligned} S_{n,q}(k) &= \sum_{l=0}^{k-1} q^l [l]_q^n \qquad (5.13) \\ &= \frac{1}{n+1}\sum_{l=0}^{n}\binom{n+1}{l} q^{kl}\beta_{l,q}[k]_q^{n+1+l} \\ &\quad - \frac{(1-q^{(n+1)k})}{n+1}\beta_{n+1,q} \end{aligned}$$

이다.

식 (5.10)을 이용하면 다음 **계**를 얻을 수 있다.

[따름정리 5.1.3] n은 음이 아닌 정수이고, $k>1$인 정수이면,

$$\int_0^k \beta_{n,q}(x)d[x]_q = \frac{1}{n+1}(\beta_{n+1,q}(k) - \beta_{n+1,q}) = S_{n,q}(k)$$

이다.

5.2 연속된 q-정수에 대한 n-제곱의 합

17세기 파울하버(Faulhaber)는

$$1^m + 2^m + \cdots + n^m$$

의 합을 $m=17$일 때까지 계산하였다. $N=\dfrac{n(n+1)}{2}$은 삼각형수이고, 이것은 연속된 수의 합과 관련이 깊다. 구체적으로 $m=1$, 2, 3, 4, 5인 경우를 진술하면 다음과 같다.

$$\begin{aligned}
&1^1 + 2^1 + \cdots + n^1 = N,\\
&1^2 + 2^2 + \cdots + n^2 = \frac{(2n+1)N}{3},\\
&1^3 + 2^3 + \cdots + n^3 = N^2,\\
&1^4 + 2^4 + \cdots + n^4 = \frac{(2n+1)(2N^2 - \frac{N}{3})}{5},\\
&1^5 + 2^5 + \cdots + n^5 = \frac{4N^2 - N^2}{3}.
\end{aligned}$$

역사적으로 파울하버의 연구는 베르누이의 연구와 밀접하고 연결되어 있다고 볼 수 있다. 1713년 베르누이는 일반적인 자연수 n에 대한

$$S_n(k) = 1^n + 2^n + \cdots + (k-1)^n$$

합 공식을 만들었다. 베르누이 수는 수학의 수열에 관련된 가장 흥미 있는 것 중에 하나이며 중요한 것 중에 하나라고 볼 수 있다. 이 수는 베르누이 사후에 쓰인 작품 Ars Conjectandi에서 볼 수 있다.

이것과 관련된 3개의 추측을 소개하면 다음과 같다.

(1) $S_n(k)$는 최고차항의 계수가 $\dfrac{1}{n+1}$이면서 차수가 $n+1$이다.

(2) $S_n(k)$의 상수항은 0이다.

(3) $S_n(k)$의 k^n의 계수는 $-\dfrac{1}{2}$이다.

실제로, 우리가 쉽게 얻을 수 있는 사실은 $S_n(0) = S_n(1) = 0$라는 것은 쉽게 얻을 수 있고, 역시

$$S_n(k+1) - S_n(k) = k^n \tag{5.14}$$

이라는 것도 쉽게 계산이 가능하다. 만약 우리가 다항식 $S_n(k)$의 계수를 c_i라고 놓는다면, 즉,

$$S_n(k) = \sum_{i=1}^{n+1} c_i k^i$$

라고 놓는다면, 우리는 (5.14)을 이용하여 쉽게

$$\sum_{i=j+1}^{n+1} c_i \binom{i}{j} = \delta_{j,n}$$

을 얻을 수 있다. 이것으로부터

$$c_{n+1} = \frac{1}{n+1} \quad [\text{추측 1}]$$

을 얻을 수 있고,

$$c_i = -\sum_{j=1}^{n-i+1} \frac{c_{i+j}}{j+1}\binom{i+j}{j}$$

임으로 c_i는 연역적으로 추론하여 얻어질 수 있다.

예를 들면,

$$c_n = -\frac{1}{2} \quad [\text{추측 2}]$$

을 얻을 수 있다. 여기서 양의 짝수 i에 대하여는 $c_{n-i} = 0$을 얻고, 양의 홀수에 대하여는

$$c_{n-i} = d_i\binom{n}{i}$$

을 얻을 수 있다. 조금 더 소개하면

$$d_1 = \frac{1}{12},$$

$$d_3 = -\frac{1}{120},$$

$$d_5 = -\frac{1}{252},$$

$$d_7 = -\frac{1}{240},$$

$$\cdots$$

한 가지 더 첨가한다면, 베르누이는

$$\begin{aligned} S_n(k) &= \sum_{j=1}^{k-1} j^n \\ &= 1^n + 2^n + \cdots + (k-1)^n \\ &= \int_0^k B_n(x)\,dx \end{aligned}$$

을 소개하였다. 이 이론을 소개하면서 이 장에서 필요한 간단한 용어들을 소개하고자 한다.

[정의 5.2.1] m, n은 정수라 하고,

$$S_{m,n}(q) = \sum_{k=1}^{n} [k]_{q^2} [k]_q^{m-1} q^{(n-k)\frac{m+1}{2}}$$

를 S 함수로 정의하자.

예를 들면 다음과 같다.

$$S_{1,n}(q) = \frac{(1-q^{n+1})(1-q^n)}{(1-q)(1-q^2)},$$

....

....

$$S_{5,n}(q) = \frac{(1-q^{n+1})^2(1-q^n)^2}{(1-q)(1-q^2)(1-q^3)}\left(\frac{(1-q^{n+1})(1-q^n)}{(1-q)^2} - \frac{1-q}{1-q^2}\,q^n\right)$$

$$S_{6,n}(q) = \frac{(1-q^{n+1})(1-q^n)(1-q^{n+1/2})}{(1-q)(1-q^2)(1-q^{7/2})}\left[\frac{(1-q^{n+1})^2(1-q^n)^2}{(1-q)^4}\right.$$

$$\left. -(2+2q+q^{1/2})\left(\frac{(1+q^{n+1})(1-q^n)q^n}{(1-q)(1-q^{5/2})(1+q^{1/2})} - \frac{(1+q^{1/2})^2q^{2n}}{(1-q^{3/2})(1-q^{5/2})}\right)\right]$$

....

$$S_{11,n}(q) = \frac{(1-q^n)^2(1-q^{n+1})^2}{(1-q)^3(1-q^6)}\left[\frac{(1-q^n)^4(1-q^{n+1})^4}{(1-q)^7(1-q^2)}\right.$$

$$- \frac{2(2+q+2q^2)(1-q^n)^3(1-q^{n+1})^3q^{2n}}{(1-q)^5(1-q^5)}$$

$$+ \frac{(9+19q+29q^2+19q^3+9q^4)(1-q^n)^2(1-q^{n+1})^2q^{3n}}{(1-q)^2(1-q^4)(1-q^5)}$$

$$-2(7q^2+11q+7)\left(\frac{(1-q^n)(1-q^{n+1})q^{4n}}{(1-q^4)(1-q^5)}\right.$$

$$\left.\left. - \frac{(1-q)^3q^{5n}}{(1-q^2)(1-q^4)(1-q^5)}\right)\right]$$

여기서 $q \to 1$을 시행하면 파울하버의 결과가 유도된다는 것은 흥미 있는 사실이다. 또한 연속되는 q-정수에 대한 연속적인 합에 대한 계산을 하였는데, 그것의 결과들을 소개하기 위하여 필요한 함수를 소개하자.

임의의 정수 $n, k > 1$이고 h가 정수일 때,

$$S_{n,q^h}(k) = \sum_{j=0}^{n} q^{hj}[k]_q^n$$

이라 두자. 이 함수를 이용하여 다음과 같은 베르누이수와 연결을 가지는 관계식을 만들었다.

$$S_{n,q}(k) = \frac{1}{n+1}\sum_{j=0}^{n}\binom{n+1}{j}\beta_{j,q}q^{kj}[k]_q^{n+1-j} - \frac{(1-q^{(n+1)k})\beta_{n+1,q}}{n+1}$$

여기에서 $\beta_{j,q}$는 변형화된 칼리즈 q-베르누이 수이다. 실제로, 위 식은 연속된 정수제곱의 합과 관련된 베르누이 공식의 q-유사식인 것이 분명하다.

q-유사와 관련된 다른 공식을 만들었는데, 그것을 소개하면 다음과 같다.

$$\sum_{k=0}^{n-1} q^k[k]_q = \frac{1}{2}\left([n]_q^2 - \frac{[2n]_q}{[2]_q}\right)$$

와

$$\sum_{k=0}^{n-1}q^{k+1}[k]_q^2 = \frac{1}{3}[n]_q^3 - \frac{1}{2}\left([n]_q^2 - \frac{[2n]_q}{[2]_q}\right)\frac{-1}{3}\frac{[3n]_q}{[3]_q}$$

이다. 이제 우리는 새로운 함수

$$T_{m,n}(q) = \sum_{k=1}^{n}[k]_{q^2}[k]_q^{m-1}q^{(n-k)(m+1)/2}$$

을 정의하자. $n>0$ 보다 큰 자연수에 정수에 대하여, q-베르누

이 수 $\beta^*_{n,\,k,\,q}$의 생성함수를 생각하면,

$$F^*_{k,\,q}(t) = -t\sum_{j=0}^{\infty} q^{k-j}[j]_{q^2}\exp(t\,[j]_q q^{(k-j)/2}) \tag{5.15}$$

$$= \sum_{n=0}^{\infty} \beta^*_{n,\,k,\,q}\frac{t^n}{n!}$$

위 식을 이용하면 다음과 같은 정리를 얻을 수 있다.

[정리 5.2.2] k, n을 양의 정수라 하고 n을 짝수라 하면,

$\beta^*_{n,\,k,\,q}$

$$= \left(\frac{1}{1-q}\right)^{n-1}\sum_{m=0}^{n-1}\binom{n}{m}\frac{(-1)^m mq^{(n-1)(k-1)/2+k+m-2}}{(1-q^{-(n-1)/2+m-2})(1-q^{m-(n-1)/2})}$$

의 관계식을 만족한다.

증명 (5.15)으로부터, 우리는 쉽게

$$\sum_{n=0}^{\infty}\frac{\beta^*_{n,\,k,\,q}}{n!}t^n = -t\sum_{j=0}^{\infty} q^{k-j}\,[j]_{q^2}\sum_{n=0}^{\infty}[j]_q^n q^{n(k-j)/2} n!\; t^n$$

을 얻을 수 있다. 이항정리와 간단한 기본적인 계산을 사용한다면, 우리는

$$\sum_{n=0}^{\infty}\frac{\beta^*_{n,\,k,\,q}}{n!}t^n = -t\sum_{j=0}^{\infty} q^{k-j}\,[j]_{q^2}$$

$$\times\sum_{n=0}^{\infty}\left\{\left(\frac{1}{1-q}\right)^n q^{n(k-j)/2}\sum_{m=0}^{n}\binom{n}{m}(-1)^m q^{jm}\right\}\frac{t^n}{n!}$$

$$= -\frac{t}{1-q^2}\sum_{n=0}^{\infty}\left(\frac{1}{1-q}\right)^n q^{nk/2+k}\sum_{m=0}^{n}\binom{n}{m}(-1)^m$$
$$\times \sum_{j=0}^{\infty} q^{mj-j-jn/2}(1-q^{2j})\frac{t^n}{n!}$$

을 얻을 수 있다. 다시 기하적 멱급수를 이용해서,

$$\sum_{n=0}^{\infty}\frac{\beta^*_{n,k,q}}{n!}t^n = -\frac{t}{1-q^2}\sum_{j=0}^{\infty}\left(\frac{1}{1-q}\right)^n$$
$$\times \sum_{m=0}^{n}\binom{n}{m}\frac{(-1)^m q^{m+k+n(k-1)/2-1}}{(1-q^{-1+m-n/2})(1-q^{1+m-n/2})}\frac{t^n}{n!}$$

을 역시 얻을 수 있다. $n=0$이면 $\beta^*_{0,k,q}=0$이다. 자연스럽게, 우리는

$$\sum_{n=1}^{\infty}\frac{\beta^*_{n,k,q}}{n!}t^n = -t\sum_{n=1}^{\infty}\left(\frac{1}{1-q}\right)^{n-1}$$
$$\times \sum_{m=1}^{n-1}\binom{n-1}{m-1}\frac{(-1)^{m-1}q^{m+k+(n-1)(k-1)/2-2}}{(1-q^{-2+m-(n-1)/2})(1-q^{m-(n-1)/2})}\frac{t^n}{(n-1)!}$$
$$= \sum_{n=0}^{\infty}\left(\frac{1}{1-q}\right)^{n-1}$$
$$\times \sum_{m=0}^{n-1}\binom{n-1}{m-1}\frac{(-1)^m Mq^{m+k+(n-1)(k-1)/2-2}}{(1-q^{m-(n-1)/2-2})(1-q^{m-(n-1)/2})}\frac{t^n}{(n)!}$$

을 얻을 수 있게 된다. 위 식에서 $\dfrac{t^n}{n!}$의 계수를 주어진 양변에서 비교하면, 우리는 정리를 완성하게 된다.

$n>0$인 정수라 가정하고, 변형된 q-베르누이 다항식 $\beta^*_{n,k,q}(k)$의 생성함수를 고려하면 다음과 같이 되는 것을 얻을 수 있다.

$$F^*_{k,q}(t;k) = -t\sum_{j=0}^{\infty} q^{-j}[j+k]_{q^2}\exp(t[j+k]_q q^{-j/2}) \tag{5.16}$$
$$= \sum_{n=0}^{\infty}\frac{\beta^*_{n,k,q}(k)}{n!}t^n$$

[정리 5.2.3] k, n을 양의 정수라 하고 n을 짝수라 하면,

$$\beta^*_{n,k,q}(k) = \frac{1}{[2]_q(1-q)^n}\left(\frac{1}{1-q}\right)^{n-1}$$
$$\sum_{m=0}^{n-1}\binom{n}{m}(-1)^m\left(\frac{mq^{k(m-1)}}{(1-q^{-(n-1)/2+m-2})}-\frac{mq^{k(m+1)}}{(1-q^{-(n-1)/2+m})}\right)$$

의 관계식을 만족한다.

증명 (5.16)으로부터,

$$\sum_{n=0}^{\infty}\beta^*_{n,k,q}\frac{(k)}{n!}t^n = -t\sum_{j=0}^{\infty}q^{-j}[j+k]_{q^2}\exp(t[j+k]_q q^{-j/2})$$

식을 유도할 수 있다. 그러므로

$$\sum_{n=0}^{\infty}\beta^*_{n,k,q}\frac{(k)}{n!}t^n = -t\sum_{j=0}^{\infty}q^{-j}[j+k]_{q^2}\sum_{j=0}^{\infty}\frac{[j+k]_q^n q^{-nj/2}}{n!}t^n$$

임을 알 수 있고, 이항정리와 간단한 기본적인 계산을 한다면,

$$\sum_{n=0}^{\infty}\beta^{*}_{n,k,q}\frac{(k)}{n!}t^{n} = -\frac{t}{1-q^{2}}\sum_{j=0}^{\infty}\left(\frac{1}{1-q}\right)^{n}\sum_{m=0}^{n}\binom{n}{m}(-1)^{m}q^{mk}$$

$$\times\sum_{j=0}^{\infty}(1-q^{2(j+k)})q^{-j+jm-jn/2}\frac{t^{n}}{n!}$$

을 얻게 된다. 다시 기하학적 멱급수를 이용하여,

$$\sum_{n=0}^{\infty}\frac{\beta^{*}_{n,k,q}(k)}{n!}t^{n} = -t\sum_{n=0}^{\infty}\frac{1}{[2]_{q}}\left(\frac{1}{1-q}\right)^{n+1}$$

$$\times\sum_{m=0}^{n}\binom{n}{m}(-1)^{m}\left(\frac{q^{mk}}{(1-q^{-1+m-n/2})}-\frac{q^{(m+2)k}}{(1-q^{1+m-n/2})}\right)\frac{t^{n}}{n!}$$

$$= -t\sum_{n=1}^{\infty}\frac{1}{[2]_{q}}\left(\frac{1}{1-q}\right)^{n}$$

$$\times\sum_{m=1}^{n-1}\binom{n-1}{m-1}(-1)^{m-1}\left(m\frac{q^{(m-1)k}}{(1-q^{-2+m-(n-1)/2})}\right.$$

$$\left.-\frac{mq^{(m+1)k}}{(1-q^{m-(n-1)/2})}\right)\frac{t^{n-1}}{(n-1)!}$$

을 얻게 된다. 그러므로 자연스럽게

$$\sum_{n=1}^{\infty}\frac{\beta^{*}_{n,k,q}(k)}{n!}t^{n} = \sum_{n=1}^{\infty}\frac{1}{[2]_{q}}\left(\frac{1}{1-q}\right)^{n}$$

$$\times\sum_{m=0}^{n-1}\binom{n}{m}(-1)^{m}\left(m\frac{q^{(m-1)k}}{(1-q^{-2+m-(n-1)/2})}\right.$$

$$\left.-\frac{mq^{(m+1)k}}{(1-q^{m-(n-1)/2})}\right)\frac{t^{n}}{n!}$$

이 된다. 그러므로 $\frac{t^{n}}{n!}$의 계수를 위 식의 양변에서 비교하면, 우리는 정리를 증명하게 된다.

[정리 5.2.4] k, n을 양의 정수라 하고 n을 짝수라 하면,

$$T_{n,\,k-1}(q) = \sum_{j=0}^{k-1} [j]_{q^2} [j]_q^{n-1} q^{(n+1)(k-j)/2}$$
$$= \frac{\beta^*_{n,\,k,\,q}(k) - \beta^*_{n,\,k,\,q}}{n}$$

의 관계식을 만족한다.

증명 우리는 쉽게,

$$\sum_{j=0}^{\infty} q^{-j} [j+k]_{q^2} \exp(t[j+k]_q q^{-j/2})$$
$$+ \sum_{j=0}^{\infty} q^{k-j} [j]_{q^2} \exp(t[j]_q q^{(k-j)/2})$$
$$= \sum_{j=0}^{k-1} q^{k-j} [j]_{q^2} \exp(t[j]_q q^{(k-j)/2})$$

임을 쉽게 볼 수 있다. 이것의 양변의 $\frac{t^n}{(n-1)!}$의 계수를 비교하면서, 역시 정리 5.2.2와 5.2.3을 사용한다면 이 정리의 증명을 완성할 수 있다.

5.3 q-유사 멱승의 합에 대한 성질

n은 정수이고, k가 1보다 큰 양의 정수라 하자. 베르누이와 밀접한 관련이 있는 함수를 소개한다. 즉,

$$S_{n,q}(k) = \sum_{l=0}^{k-1} q^l l^n$$

이라 두자. j를 양의 정수라 하면 우리는 쉽게

$$q^{j+1}(j+1) - q^j j = (q-1)q^j j + q^{j+1} \tag{5.17}$$

볼 수 있다. 식 (3.17)로부터,

$$(q-1)\sum_{j=0}^{k-1} q^j j + q[k]_q = q^k k \tag{5.18}$$

를 얻을 수 있다. 그러므로 우리는

$$S_{1,q}(k) = \sum_{j=0}^{k-1} q^j j = \frac{q^k k - q[k]_q}{q-1} \tag{5.19}$$

임을 알 수 있다. 여기서 우리는 쉽게

$$\frac{k(k-1)}{2} = \lim_{q\to 1} \frac{q^k k - q[k]_q}{q-1} = S_1(k)$$

임을 계산할 수 있다. 식 (5.17)을 계산하는 비슷한 방법으로,

$$q^{j+1}(j+1)^2 - q^j j^2 = (q-1)q^j j^2 + 2q^{j+1}j + q^{j+1} \qquad (5.20)$$

얻을 수 있다. 그러므로

$$S_{2,q}(k) = \sum_{j=0}^{k-1} q^j j^2 = \frac{q^k k^2}{q-1} - 2q\frac{q^k k - q[k]_q}{(q-1)^2} - \frac{q[k]_q}{q-1} \qquad (5.21)$$

이다. 비교적 간단한 계산을 하면,

$$\begin{aligned} &q^{j+1}(j+1)^3 - q^j j^3 \qquad (5.22)\\ &= (q-1)q^j j^3 + 3q^{j+1}j^2 + 3q^{j+1}j + q^{j+1}, \end{aligned}$$

$$q^k k^3 = (q-1)S_{3,q}(k) + 3qS_{2,q}(k) + 3qS_{1,q}(k) + q[k]_q$$

을 얻는다. 그러므로 우리는

$$S_{3,q}(k) = \frac{q^k k^3}{q-1} - \frac{3q}{q-1}S_{2,q}(k) - \frac{3q}{q-1}S_{1,q}(k) - \frac{q[k]_q}{q-1} \qquad (5.23)$$

임을 볼 수 있다. $S_{n,q}$의 정의로부터,

$$q^{j+1}(l+1)^{n+1} - q^l l^{n+1} = q^{l+1}\sum_{i=0}^{n}\binom{n+1}{i}l^i + (q-1)l^{n+1}q^l$$

이 된다. 위 식으로부터, 우리는

$$\begin{aligned} &q^k k^{n+1}\\ &= q(n+1)S_{n,q}(k) + q\sum_{i=0}^{n-1}\binom{n+1}{i}S_{i,q}(k) + (q-1)S_{n+1,q}(k) \end{aligned} \qquad (5.24)$$

을 얻는다. 위의 살펴본 관계식들로부터 우리는 다음 정리를 찾을 수 있다.

[정리 5.3.1] n은 정수이고, k가 1보다 큰 양의 정수라 하자. 그러면

$$S_{n,q}(k) = \frac{k^{n+1}}{n+1} q^{k-1} - \frac{1}{n+1} \sum_{i=0}^{n-1} \binom{n+1}{i} S_{i,q}(k) + \frac{1-q}{q(n+1)} S_{n+1,q}(k) \tag{3.25}$$

이다.

위 식에 극한값을 취하면,

$$\begin{aligned}\lim_{q \to 1} S_{n,q}(k) &= \lim_{q \to 1}\left(\frac{k^{n+1}}{n+1} - \frac{1}{n+1} \sum_{i=0}^{n-1} \binom{n+1}{i} S_{i,q}(k) + \frac{1-q}{q(n+1)} S_{n+1,q}(k)\right) \\ &= \frac{k^{n+1}}{n+1} - \frac{1}{n+1} \sum_{i=0}^{n-1} \binom{n+1}{i} S_i(k) = S_n(k)\end{aligned}$$

이다. 이제, q-베르누이 다항식

$$F_q(t, x) = \frac{\log q + t}{qe^t - 1} e^{xt} = \sum_{n=0}^{\infty} B_{n,q}(x) \frac{t^n}{n!} \tag{5.26}$$

에 대하여 생각하자. 우리는 t가 복소수이고, $|t| < 2\pi$ 이면

$$F_q(t, x) = -(t+\log q)\sum_{n=0}^{\infty} e^{(n+x)t} q^n \tag{5.27}$$

임을 볼 수 있다. $n \geq 0$이면,

$$\begin{aligned} B_{n,q}(x) &= \sum_{j=0}^{n}\binom{n}{j} B_{j,q}\, x^{n-j} \\ &= m^{n-1}\sum_{i=0}^{m-1} q^i B_{n,q^m}\left(\frac{x+i}{m}\right) \end{aligned} \tag{5.28}$$

임을 볼 수 있다. (5.26)과 (5.27)로부터, 우리는 $k \geq 1$이면,

$$\begin{aligned} B_{0,q} &= \frac{q-1}{\log q}, \\ q(B_q+1)^k - B_{k,q} &= \delta_{k,1} \end{aligned}$$

인 q-베르누이 수와 관련된 식을 얻을 수 있다. 간단한 계산에 의하여, 우리는

$$\begin{aligned} &-\sum_{n=0}^{\infty} e^{(n+k)t} q^n + \sum_{n=0}^{\infty} e^{nt} q^{n-k} \\ &= \sum_{l=0}^{\infty}\left(q^{-k}\sum_{n=0}^{k-1} n^l q^n\right)\frac{t^n}{l!} \\ &= \sum_{l=1}^{\infty}\left(q^{-k} l \sum_{n=0}^{k-1} n^{l-1} q^n\right)\frac{t^{l-1}}{l!} \end{aligned} \tag{5.29}$$

얻을 수 있다. 역시,

$$\sum_{n=0}^{\infty}(B_{l,q}(k)-q^{-k}B_{l,q}(0))\frac{t^l}{l!} \tag{5.30}$$

$$= -(t+\log q)\sum_{n=0}^{\infty}e^{(n+k)t}q^n + (t+\log q)\sum_{n=0}^{\infty}e^{nt}q^{n-k}$$

$$= \sum_{l=0}^{\infty}(q^{-k}\,l\,S_{l,q}(k)) + (q^{-k}\log q)S_{l,q}(k)\frac{t^l}{l!}$$

을 얻는다. 식 (5.30)의 계수를 비교함으로, 우리는 다음 정리 3.3.3을 얻는다.

[정리 5.3.2] l, k가 양의 정수이고, k가 1보다 크다고 하자. 그러면,

$$q^{-k}S_{l-1,q}(k)+(q^{-k}\log q)S_{l,q}(k) = \frac{B_{l,q}(k)-q^{-k}B_{l,q}(0)}{l}$$

이다. $q=e^{-1}$ 이면,

$$S_{l-1,q}(k)-S_{l,q}(k) = q^k\frac{B_{l,q}(k)-q^{-k}B_{l,q}(0)}{l}$$

이다.

[정리 5.3.3] $S_{n+1,q}(k) = q\dfrac{d}{dq}S_{n,q}(k)$을 이용하면, 우리는

$$S_{n+1,q}(k) = \sum_{i=1}^{n}q^i S(n,i)\left(\frac{d}{dq}\right)^i S_{0,q}(k)$$

이다. 단, $S_{0,q}(k)=[k]_q$이고 $S(n,i)$는 2종의 Stirling 수이다.

6 q-오일러 수 및 그 응용

6.1 q-오일러 수

이 절에서는 q-오일러 수와 관련된 기초 이론들을 다룬다. p를 홀수인 소수라 하고

$$[x]_q = \frac{q^x - 1}{q - 1}, \ [a : q]_n = (1-a)(1-aq) \cdots (1-aq^{n-1})$$

로 쓰기로 한다. $h \in \mathbb{Z}$, $k \in \mathbb{N} = \{1, 2, 3, \cdots\}$, 그리고 확장된 고위(high order) q-오일러 수

$$E_{m,q}^{(h,k)} = \int_{\mathbb{Z}_p} \cdots \int_{\mathbb{Z}_p} [x_1 + \cdots + x_k]_q^m q^{x_1(h-1)+\cdots+x_k(h-k)} d\mu_{-q}(x_1) \cdots d\mu_{-q}(x_k)$$

$$= \lim_{N \to \infty} \frac{1}{[p^N]_{-q}^k} \sum_{x_1=0}^{p^N-1}$$

$$\cdots \sum_{x_k=0}^{p^N-1} [x_1 + \cdots + x_k]_q^m (-1)^{x_1 + \cdots x_k} q^{x_1 h + \cdots + x_k (h-k+1)}$$

$$= \frac{1}{(1-q)^m} \lim_{N \to \infty} \frac{1}{[p^N]_{-q}^k}$$

$$\sum_{l=0}^{m} \binom{m}{l} (-1)^l \frac{1+q^{hp^N}}{1+q^{h+l}} \frac{1+q^{p^N(h-1+l)}}{1+q^{h-1+l}} \cdots \frac{1+q^{p^N(h-k+1+l)}}{1+q^{h-k+1+l}}$$

$$= \frac{[2]_q^k}{(1-q)^m} \sum_{l=0}^{m} \binom{m}{l} (-1)^l \frac{1}{\Pi_{j=0}^{k-1} (1+q^{h-j+l})}$$

$$= \frac{[2]_q^k}{(1-q)^m} \sum_{l=0}^{m} \binom{m}{l} \frac{(-1)^l}{(-q^{h+l} : q^{-1})_k}$$

를 얻는다. 또한

$$\frac{1}{[p^N]_{-q}^k} \sum_{x_1=0}^{p^N-1} \cdots \sum_{x_k=0}^{p^N-1} [x_1 + \cdots + x_k]_q^m (-1)^{x_1 + \cdots x_k} q^{x_1 h + \cdots + x_k (h-k+1)}$$

$$= \frac{(q-1)}{[p^N]_{-q}^k} \sum_{x_1 \cdots x_k = 0}^{p^N-1} [x_1 + \cdots + x_k]_q^m (-1)^{x_1 + \cdots x_k} q^{x_1 (h-1) + \cdots + x_k (h-k)}$$

$$+ \frac{1}{[p^N]_{-q}^k} \sum_{x_1 \cdots x_k = 0}^{p^N-1} [x_1 + \cdots + x_k]_q^{m} (-1)^{x_1 + \cdots x_k} q^{x_1 (h-1) + \cdots + x_k (h-k)}$$

이므로 다음을 얻을 수 있다.

$$E_{m,q}^{(h,k)} = E_{m,q}^{(h-1,k)} + (q-1) E_{m+1,q}^{(h-1,k)}, \ m \geq 0 \qquad (6.1)$$

그리고

$$\int_{\mathbb{Z}_p}\cdots\int_{\mathbb{Z}_p} q^{(m-1)x_1+\cdots+(m-k-1)x_{k+1}}d\mu_{-q}(x_1)\cdots d\mu_{-q}(x_{k+1})$$

$$= \lim_{N\to\infty}\frac{1}{[p^N]_{-q}^{k+1}}\sum_{x_1=0}^{p^N-1}\cdots \times$$

$$\sum_{x_{k+1}=0}^{p^N-1} q^{mx_1+\cdots+mx_{k+1}}(-1)^{x_1+\cdots x_{k+1}}q^{-x_2-2x_3-\cdots-kx_{k+1}}$$

$$= \lim_{N\to\infty}\frac{1}{[p^N]_{-q}^{k+1}}\sum_{x_1,\,\cdots,\,x_{k+1}=0}^{p^N-1}\left(\frac{q^{mx_1+\cdots+mx_{k+1}}-1}{q-1}(q-1)+1\right)^m$$

$$\times(-1)^{x_1+\cdots+x_{k+1}}q^{-x_2-2x_3-\cdots-kx_{k+1}}$$

$$= \lim_{N\to\infty}\frac{1}{[p^N]_{-q}^{k+1}}\sum_{x_1=0}^{p^N-1}\cdots\sum_{x_{k+1}=0}^{p^N-1} q^{mx_1+\cdots+mx_{k+1}}$$

$$\times(-1)^{x_1+\cdots+x_{k+1}}q^{-x_2-2x_3-\cdots-x_{k+1}}$$

$$= \sum_{j=0}^{m}\binom{m}{j}(q-1)^j\ \lim_{N\to\infty}\frac{1}{[p^N]_{-q}^{k+1}}\sum_{x_1=0}^{p^N-1}\cdots\sum_{x_{k+1}=0}^{p^N-1}[x_1+\cdots+x_{k+1}]_q$$

$$\times(-1)^{x_1+\cdots+x_{k+1}}q^{-x_2-2x_3-\cdots-kx_{k+1}}$$

$$= \sum_{j=0}^{m}\binom{m}{j}(q-1)^j$$

$$\times\int_{\mathbb{Z}_p^{k+1}}[x_1+\cdots+x_{k+1}]_q^j q^{-x_1-2x_2-\cdots-(k+1)x_{k+1}}d\mu_{-q}(x_1)$$

$$\cdots d\mu_{-q}(x_{k+1})$$

$$= \sum_{j=0}^{m}\binom{m}{j}(q-1)^j E_{j,q}^{(0,\,h+1)} \tag{6.2}$$

그리고 우리는 쉽게 다음을 얻을 수 있다.

$$\int_{\mathbb{Z}_p}\cdots\int_{\mathbb{Z}_p} q^{(m-1)x_1+\cdots+(m-k-1)x_{k+1}}d\mu_{-q}(x_1)\cdots d\mu_{-q}(x_{k+1})$$

$$=\lim_{N\to\infty}\frac{1}{[p^N]_{-q}^{k+1}}\sum_{x_1=0}^{p^N-1}\cdots\sum_{x_{k+1}=0}^{p^N-1}q^{mx_1+\cdots+(m-k)x_{k+1}}(-1)^{x_1+\cdots x_{k+1}}$$

$$=\lim_{N\to\infty}\left(\frac{(1+q)^{k+1}}{(1+q^{p^N})^{k+1}}\right)\frac{(1+q^{mp^N})\cdots(1+q^{(m-k)p^N})}{(1+q^m)\cdots(1+q^{m-k})}$$

$$=\frac{[2]_q^{k+1}}{(-q^m:q^{-1})_{k+1}} \tag{6.3}$$

(6.2), (6.3)에 의하여 다음을 얻을 수 있다.

$$\sum_{j=0}^{m}\binom{m}{j}(q-1)^jE_{j,q}^{(0,h+1)}=\frac{[2]_q^{k+1}}{(-q^m:q^{-1})_{k+1}}$$

[주의 6.1.1] $E_{n,q}^{(1,1)}=E_{n,q}$임을 유의하자. 여기서 $E_{n,q}$는 q-오일러 수이다. (6.1)로부터 $m\geq i$에 대하여 다음 공식을 유도할 수 있다.

$$\sum_{j=0}^{i}\binom{i}{j}(q-1)^jE_{m-i+j,q}^{(h-1,k)}=\sum_{j=0}^{i-1}\binom{i-1}{j}(q-1)^jE_{m-i+j,q}^{(h,k)}$$

게다가 다음을 얻을 수 있다.

$$\sum_{j=0}^{m}\binom{m}{j}(q-1)^{j}E_{j,q}^{(h,1)}$$
$$=\sum_{j=0}^{m}\binom{m}{j}(q-1)^{j}\int_{\mathbb{Z}_p}[x]_q^{j}q^{(h-1)x}d\mu_{-q}(x)$$
$$\int_{\mathbb{Z}_p}((q-1)[x]_q+1)^{m})q^{(h-1)x}d\mu_{-q}(x)$$
$$=\int_{\mathbb{Z}_p}q^{mx}q^{(h-1)x}d\mu_{-q}(x)$$
$$=\lim_{N\to\infty}\frac{1}{[p^N]_{-q}}\sum_{x=0}^{p^N-1}(-1)^{x}q^{(m+h)x}$$
$$=[2]_q\lim_{N\to\infty}\frac{1}{1+q^N}\frac{1+q^{(m+h)p^N}}{1+q^{m+h}}$$
$$=\frac{[2]_q}{1+q^{m+h}}=\frac{[2]_q}{[2]_{q^{m+h}}}$$

를 얻는다.

[정리 6.1.2] $E_{m,q}^{(0,h)}$에 대하여 다음 관계가 성립한다.

$$\sum_{j=0}^{m}\binom{m}{j}(q-1)^{j}E_{j,q}^{(0,k)}=\frac{[2]_q^k}{(-q^n:q^{-1})_k}\tag{6.4}$$

6.2 $E_{m,q}^{(0,k)}(x)$ 다항식

다항식 $E_{m,q}^{(0,k)}(x)$ 다음과 같이 정의한다.

$$
\begin{aligned}
&E_{m,q}^{(0,k)}(x) \\
&= \int_{\mathbb{Z}_p} \cdots \int_{\mathbb{Z}_p} [x + x_1 + \\
&\qquad \cdots + x_k]_q^m q^{-1x_1 - 2x_2 - \cdots - kx_k} d\mu_{-q}(x_1) \cdots d\mu_{-q}(x) \\
&= \lim_{N \to \infty} \frac{1}{[p^N]_{-q}^k} \\
&\quad \times \sum_{x_1 \cdots x_{k+1}=0}^{p^N - 1} [x + x_1 + \cdots + x_k]_q^m (-1)^{x_1 + \cdots x_k} q^{-x_2 - 2x_3 - \cdots - (k-1)x_k} \\
&= \frac{[2]_q^k}{(1-q)^m} \sum_{j=0}^{m} \binom{m}{j} (-1)^j \frac{q^{jx}}{(1+q^j)(1+q^{j-1}) \cdots (1+q^{j-k+1})} \\
&= \frac{[2]_q^k}{(1-q)^m} \sum_{j=0}^{m} \binom{m}{j} (-1)^j \frac{q^{jx}}{(-q^j : q^{-1})_k}
\end{aligned}
$$

그러므로

$$
(q-1)^m E_{m,q}^{(0,k)}(x) = [2]_q^k \sum_{j=0}^{m} \binom{m}{j} (-1)^{m-j} \frac{q^{jx}}{(-q^j : q^{-1})_k} \tag{6.5}
$$

를 얻는다. 또한

$$\begin{aligned}
&\int_{\mathbb{Z}_p}\cdots\int_{\mathbb{Z}_p} q^{mx+(m-1)x_1+\cdots+(m-k)x_k}d\mu_{-q}(x_1)\cdots d\mu_{-q}(x_k)\\
&=\lim_{N\to\infty}\frac{1}{[p^N]_{-q}^k}\sum_{x_1\cdots x_k=0}^{p^N-1} q^{mx}(-1)^{x_1+\cdots x_k}q^{mx_1+\cdots+(m-k+1)x_k}\\
&=q^{mx}\lim_{N\to\infty}\left(\frac{[2]_q^k}{(1+q^{p^N})^k}\right)\frac{(1+q^{mp^N})\cdots(1+q^{(m-k+1)p^N})}{(1+q^m)\cdots(1+q^{m-k+1})}\\
&=q^{mx}\frac{[2]_q^k}{(1+q^m)\cdots(1+q^{m-k+1})}\\
&=q^{mx}\frac{[2]_q^k}{(-q^m:q^{-1})_k}
\end{aligned}$$

을 얻는다. 그리고

$$\begin{aligned}
&\int_{\mathbb{Z}_p}\cdots\int_{\mathbb{Z}_p} q^{mx+(m-1)x_1+\cdots+(m-k)x_k}d\mu_{-q}(x_1)\cdots d\mu_{-q}(x_k)\\
&=\int_{\mathbb{Z}_p}\cdots\int_{\mathbb{Z}_p} q^{m(x+x_1+\cdots+x_k)}q^{-x_1-2x_2-\cdots-kx_k}d\mu_{-q}(x_1)\cdots d\mu_{-q}(x_k)\\
&=\int_{\mathbb{Z}_p}\cdots\int_{\mathbb{Z}_p}((q-1)[x+x_1+\cdots+x_k]_q+1)^m q^{-x_1-2x_2-\cdots-kx_k}\\
&\qquad d\mu_q(x_1)\cdots d\mu_q(x_k)\\
&=\sum_{j=0}^{m}\binom{m}{j}(q-1)^j\int_{\mathbb{Z}_p}\cdots\int_{\mathbb{Z}_p}[x+x_1+\cdots+x_k]_q^j q^{-x_1-2x_2-\cdots-kx_k}\\
&\qquad d\mu_q(x_1)\cdots d\mu_q(x_k)\\
&=\sum_{j=0}^{m}\binom{m}{j}(q-1)^j E_{j,q}^{(0,k)}(x)
\end{aligned}$$

를 얻는다. 따라서 우리는 다음 공식을 얻을 수 있다.

$$\sum_{j=0}^{m}\binom{m}{j}(q-1)^{j}E_{j,q}^{(0,k)}(x)=\frac{q^{mx}[2]_q^k}{(-q^m:q^{-1})_k}$$

l을 홀수인 정수라 하면

$$\begin{aligned}
&E_{m,q}^{(0,k)}(x)\\
&=\int_{\mathbb{Z}_p}\cdots\int_{\mathbb{Z}_p}[x+x_1+\\
&\qquad\cdots+x_k]_q^m\, q^{-1x_1-2x_2-\cdots-kx_k}\,d\mu_{-q}(x_1)\cdots d\mu_{-q}(x_k)\\
&=\lim_{l\to\infty}\frac{1}{[lp^l]_{-q}^k}\\
&\quad\times\sum_{x_1\cdots x_{k+1}=0}^{lp^l-1}[x+x_1+\cdots+x_k]_q^m(-1)^{x_1+\cdots x_k}q^{-x_2-2x_3-\cdots-(k-1)x_k}\\
&=\lim_{l\to\infty}\frac{1}{[l]_{-q}^k}\frac{1}{[p^l]_{-q^l}^k}\sum_{i_1\cdots i_k=0}^{l-1}\sum_{n_1\cdots n_k=0}^{p^l-1}\\
&\qquad[x+(i_1+ln_1)+\cdots+(i_k+ln_k)]_q^m\\
&\quad\cdot(-1)^{(i_1+ln_1)+\cdots+(i_k+ln_k)}q^{-(i_2+ln_2)-2(i_3+ln_3)-\cdots-(k-1)(i_k+ln_k)}\\
&=\frac{[l]_q^m}{[l]_{-q}^k}\sum_{i_1\cdots i_k=0}^{l-1}q^{-i_2-2i_3-\cdots-(k-1)i_k}(-1)^{i_1+\cdots+i_k}\\
&\qquad\qquad E_{m,q^l}^{(0,k)}\left(\frac{x+i_1+\cdots+i_k}{l}\right)
\end{aligned}$$

를 얻는다. 따라서 홀수인 정수 l에 대하여 아래 식을 얻을 수 있다.

$$E_{m,q}^{(0,k)}(x) = \frac{[l]_q^m}{[l]_{-q}^k} \sum_{i_1 \cdots i_k = 0}^{l-1} q^{-i_2 - 2i_3 - \cdots - (k-1)i_k} (-1)^{i_1 + \cdots + i_k} E_{m,q^l}^{(0,k)}\left(\frac{x + i_1 + \cdots + i_k}{l}\right) \quad (6.6)$$

식 (6.6)에 의하여 쉽게 아래 "곱셈 공식(multiplication formula)"을 증명할 수 있다.

$$E_{m,q}^{(0,k)}(lx) = \frac{[l]_q^m}{[l]_{-q}^k} \sum_{i_1 \cdots i_k = 0}^{l-1} q^{-i_2 - 2i_3 - \cdots - (k-1)i_k} (-1)^{i_1 + \cdots + i_k} E_{m,q^l}^{(0,k)}\left(x + \frac{i_1 + \cdots + i_k}{l}\right) \quad (6.7)$$

(6.4), (6.5)로부터 $E_{m,q}^{(0,k)}(x)$에 대한 부분은 다음과 같이 표현할 수 있다.

$$E_{m,q}^{(0,k)}(x) = \sum_{i=0}^{m} \binom{m}{i} E_{i,q}^{(0,k)} [x]_q^{m-i} q^{ix} \quad (6.8)$$

또한

$$E_{m,q}^{(0,k)}(x+y) = \sum_{j=0}^{m} \binom{m}{j} [y]_q^{m-j} q^{jy} E_{j,q}^{(0,k)}(x) \quad (6.9)$$

이다. 왜냐하면,

$$
\begin{aligned}
&E_{m,q}^{(0,k)}(x+y)\\
&=\int_{\mathbb{Z}_p}\cdots\int_{\mathbb{Z}_p}[x+y+x_1+\\
&\qquad\cdots+x_k]_q^m q^{-1x_1-2x_2-\cdots-kx_k}d\mu_{-q}(x_1)\cdots d\mu_{-q}(x_k)\\
&=\int_{\mathbb{Z}_p}\cdots\int_{\mathbb{Z}_p}([y]_q+q^y[x+y+x_1\\
&\qquad+\cdots+x_k]_q)^m q^{-1x_1-2x_2-\cdots-kx_k}d\mu_{-q}(x_1)\cdots d\mu_{-q}(x_k)\\
&=\sum_{j=0}^{m}\binom{m}{j}[y]_q^{m-j}q^{jy}\int_{\mathbb{Z}_p}\cdots\int_{\mathbb{Z}_p}[x+y+x_1+\\
&\qquad\cdots+x_k]_q^j\, q^{-1x_1-2x_2-\cdots-kx_k}d\mu_{-q}(x_1)\cdots d\mu_{-q}(x_k)\\
&=\sum_{j=0}^{m}\binom{m}{j}[y]_q^{m-j}q^{jy}E_{j,q}^{(0,k)}(x)
\end{aligned}
$$

이기 때문이다.

6.3 $E_{n,q}^{(h,1)}(x)$ 다항식

다음과 같이 $E_{m,q}^{(h,1)}(x)$를

$$
E_{m,q}^{(h,1)}(x)=\int_{\mathbb{Z}_p}[x+x_1]_q^m q^{x_1(h-1)}d\mu_{-q}(x_1) \tag{6.10}
$$

로 정의한다. 이때,

$$\begin{aligned}
E_{m,q}^{(h,1)}(x) &= \int_{\mathbb{Z}_p} [x+x_1]_q^m q^{x_1(h-1)} d\mu_{-q}(x_1) \\
&= \lim_{N\to\infty} \frac{1}{[p^N]_{-q}} \sum_{x_1=0}^{p^N-1} [x+x_1]_q^m q^{x_1 h}(-1)^{x_1} \\
&= \frac{[2]_q}{(1-q)^m} \lim_{N\to\infty} \frac{1}{1+q^{p^N}} \sum_{x_1=0}^{p^N-1} (1-q^{x+x_1})^m q^{x_1 h}(-1)^{x_1} \\
&= \frac{[2]_q}{(1-q)^m} \sum_{l=0}^{m} \binom{m}{l} (-1)^l q^{lx} \lim_{N\to\infty} \frac{1}{1+q^{p^N}} \sum_{x_1=0}^{p^N-1} (-1)^{x_1} q^{(l+h)x_1} \\
&= \frac{[2]_q}{(1-q)^m} \sum_{l=0}^{m} \binom{m}{l} (-1)^l q^{lx} \lim_{N\to\infty} \frac{1}{1+q^{p^N}} \frac{1+q^{(l+h)p^N}}{1+q^{l+h}} \\
&= \frac{[2]_q}{(1-q)^m} \sum_{l=0}^{m} \binom{m}{l} (-1)^l q^{lx} \frac{1}{1+q^{l+h}}
\end{aligned}$$

를 얻는다. 또한

$$\begin{aligned}
E_{m,q}^{(h,1)}(x) &= \int_{\mathbb{Z}_p} [x+x_1]_q^m q^{x_1(h-1)} d\mu_{-q}(x_1) \\
&= q^{-x} \int_{\mathbb{Z}_p} [x+x_1]_q^m q^{x+x_1} q^{x_1(h-2)} d\mu_{-q}(x_1) \\
&= q^{-x} \int_{\mathbb{Z}_p} [x+x_1]_q^m \{[x+x_1]_q(q-1)+1\} q^{x_1(h-2)} d\mu_{-q}(x_1) \\
&= q^{-x} \{(q-1) \int_{\mathbb{Z}_p} [x+x_1]_q^{m} q^{x_1(h-2)} d\mu_{-q}(x_1) \\
&\qquad + \int_{\mathbb{Z}_p} [x+x_1]_q^m q^{x_1(h-2)} d\mu_{-q}(x_1)\} \\
&= q^{-x} \{(q-1) E_{m+1,q}^{(h-1,1)}(x) + E_{m,q}^{(h-1,1)}(x)\}
\end{aligned}$$

를 얻는다. 따라서 다음 공식을 얻는다.

$$q^x E_{m,q}^{(h,1)}(x) = (q-1)E_{m+1,q}^{(h-1,1)}(x) + E_{m,q}^{(h-1,1)}(x) \tag{6.11}$$

또한

$$\begin{aligned} E_{m,q}^{(h,1)}(x) &= \int_{\mathbb{Z}_p} [x+x_1]_q^m q^{(h-1)x_1} d\mu_{-q}(x_1) \\ &= \int_{\mathbb{Z}_p} ([x]_q + q^x [x_1]_q)^m q^{(h-1)x_1} d\mu_{-q}(x_1) \\ &= \sum_{j=0}^{m} \binom{m}{j} [x]_q^{m-j} q^{jx} \int_{\mathbb{Z}_p} [x_1]_q^j q^{(h-1)x_1} d\mu_{-q}(x_1) \\ &= \sum_{j=0}^{m} \binom{m}{j} [x]_q^{m-j} q^{jx} E_{j,q}^{(h,1)} \end{aligned}$$

이다. 그러므로 $m \geq 1$에 대하여

$$\begin{aligned} E_{m,q}^{(h,1)}(x) &= \sum_{j=0}^{m} \binom{m}{j} [x]_q^{m-j} q^{jx} E_{j,q}^{(h,1)} \\ &= (q^x E_q^{(h,1)} + [x]_q)^m \end{aligned}$$

$$\begin{aligned} &q^h E_{m,q}^{(h,1)}(x+1) + E_{m,q}^{(h,1)}(x) \\ &\quad = q^h \frac{[2]_q}{(1-q)^m} \sum_{l=0}^{m} \binom{m}{l} (-1)^l q^{l(x+1)} \frac{1}{1+q^{l+h}} \\ &\quad\quad + \frac{[2]_q}{(1-q)^m} \sum_{l=0}^{m} \binom{m}{l} (-1)^l q^{lx} \frac{1}{1+q^{l+h}} \\ &\quad = \frac{[2]_q}{(1-q)^m} \sum_{l=0}^{m} \binom{m}{l} (-1)^l (1+q^{l+h}) \frac{q^{lx}}{1+q^{l+h}} \\ &\quad = \frac{[2]_q}{(1-q)^m} \sum_{l=0}^{m} \binom{m}{l} (-1)^l q^{lx} = [2]_q [x]_q^m \end{aligned}$$

를 얻는다. (6.10)에 의하여 다음을 주의하자.

$$q^h E_{m,q}^{(h,1)}(x+1)+E_{m,q}^{(h,1)}(x)=[2]_q[x]_q^m \tag{6.12}$$

만약 $x=0$ 이면

$$q^h(q+E_{m,q}^{(h,1)}+1)^m+E_{m,q}^{(h,1)}=\begin{cases}1\ ,m=0\\0\ ,m\neq 0\end{cases}$$

여기서 $E_{0,q}^{(h,1)}=\dfrac{[2]_q}{[2]_{q^h}}$ 이다. 왜냐하면,

$$\begin{aligned}E_{0,q}^{(h,1)}&=\int_{\mathbb{Z}_p}q^{(h-1)x_1}d\mu_{-q}(x_1)=\lim_{N\to\infty}\frac{1}{[p^N]_{-q}}\sum_{x_1=0}^{p^N-1}q^{x_1h}(-1)^{x_1}\\&=[2]_q\lim_{N\to\infty}\frac{1}{1+q^{p^N}}\frac{1+q^{hp^N}}{1+q^h}\\&=\frac{[2]_q}{(1-q)^m}\sum_{l=0}^{m}\binom{m}{l}(-1)^l q^{lx}\lim_{N\to\infty}\frac{1}{1+q^{p^N}}\frac{1+q^{(l+h)p^N}}{1+q^{l+h}}\\&=\frac{[2]_q}{1+q^h}=\frac{[2]_q}{[2]_{q^h}}\end{aligned}$$

이다. 간단한 계산에 의해서 쉽게 다음을 보일 수 있다.

$$\begin{aligned}&\int_{\mathbb{Z}_p}[1-x+x_1]_{q^{-1}}^m q^{-(h-1)x_1}d\mu_{-q^{-1}}(x_1)\\&=\lim_{N\to\infty}\frac{1}{[p^N]_{-q^{-1}}}\sum_{x_1=0}^{p^N-1}[1-x+x_1]_{q^{-1}}^m q^{-hx_1}(-1)^{x_1}\end{aligned}$$

$$= \frac{1}{(1-q^{-1})^m} \sum_{j=0}^{m} \binom{m}{j} (-1)^j \lim_{N \to \infty} \frac{1}{[p^N]_{-q^{-1}}}$$

$$\sum_{x_1=0}^{p^N-1} q^{-j+jx-jx_1} (-1)^{x_1} q^{-hx_1}$$

$$= \frac{q^m(-1)^m}{(1-q)^m} \sum_{j=0}^{m} \binom{m}{j} q^{j(x-1)} (-1)^j$$

$$\lim_{N \to \infty} \frac{1+q^{-1}}{1+q^{-p^N}} \left(\frac{1+q^{-(h+j)p^N}}{1+q^{-(j+h)}} \right)$$

$$= \frac{q^{m-1}(-1)^m}{(1-q)^m} \sum_{j=0}^{m} \binom{m}{j} q^{j(x-1)} (-1)^j (q+1) \frac{1+q^{h+j}}{1+q^{j+h}}$$

$$= \frac{q^{m+h-1}(-1)^m}{(1-q)^m} \sum_{j=0}^{m} \binom{m}{j} q^{jx} (-1)^j \frac{[2]_q}{1+q^{j+h}}$$

$$= q^{m+h-1}(-1)^m E_{m,q}^{(h,1)}(x)$$

그러므로 다음 공식을 얻는다.

$$E_{m,q^{-1}}^{(h,1)}(1-x) = q^{m+h-1}(-1)^m E_{m,q}^{(h,1)}(x) \tag{6.13}$$

특별히 $x=1$에 대하여, (6.12)을 이용하면 우리는 다음을 얻는다.

$$\begin{aligned} E_{m,q^{-1}}^{(h,1)}(0) &= q^{m+h-1}(-1)^m E_{m,q}^{(h,1)}(1) \\ &= (-1)^{m-1} q^{m-1} E_{m,q}^{(h,1)},\ m \geq 1 \end{aligned}$$

l를 홀수인 정수라 하면

$$\int_{\mathbb{Z}_p}[x+x_1]_q^m q^{(h-1)x_1}d\mu_{-q}(x_1)$$

$$=\lim_{l\to\infty}\frac{1}{[lp^l]_{-q}}\sum_{x_1\cdots x_{k+1}=0}^{lp^l-1}[x+x_1]_q^m(-1)^{x_1}q^{hx_1}$$

$$=\lim_{l\to\infty}\frac{1}{[l]_{-q}}\frac{1}{[p^l]_{-q^l}}\sum_{i=0}^{l-1}\sum_{x_1=0}^{p^l-1}[x+i+lx_1]_q^m(-1)^{i+lx_1}q^{h(i+lx_1)}$$

$$=\lim_{l\to\infty}\frac{1}{[l]_{-q}}\sum_{i=0}^{l-1}q^{hi}(-1)^i\sum_{x_1=0}^{p^l-1}([l]_q[\frac{x+i}{l}+x_1]_{q^l})^m(-1)^{x_1}q^{hlx_1}$$

$$=\frac{[l]_q^m}{[l]_{-q}}\sum_{i=0}^{l-1}q^{hi}(-1)^i\lim_{l\to\infty}\frac{1}{[p^l]_{-q^l}}\sum_{x_1=0}^{p^l-1}(-1)^{x_1}q^{hlx_1}$$

$$[\frac{x+i}{l}+x_1]_{q^l}^m$$

$$=\frac{[l]_q^m}{[l]_{-q}}\sum_{i=0}^{l-1}q^{hi}(-1)^i\int_{\mathbb{Z}_p}[\frac{x+i}{l}+x_1]_{q^l}^m(q^l)^{x_1(h-1)}d\mu_{-q^l}(x_1)$$

를 얻는다. 따라서 홀수인 정수 l에 대하여 아래 식을 얻을 수 있다.

$$E_{m,q}^{(h,1)}(x)=\frac{[2]_q}{[2]_{q^l}}[l]_q^m\sum_{i=0}^{l-1}q^{hi}(-1)^iE_{m,q^l}^{(h,1)}\left(\frac{x+i}{l}\right)$$

게다가

$$E_{m,q}^{(h,1)}(lx)=\frac{[2]_q}{[2]_{q^l}}[l]_q^m\sum_{i=0}^{l-1}q^{hi}(-1)^iE_{m,q^l}^{(h,1)}\left(x+\frac{i}{l}\right)$$

를 얻는다.

6.4 $E_{m,q}^{(h,k)}(x)$ 다항식

이 절에서는 앞 절의 결과를 합하여 새로이 확장된 고위 q-오일러 다항식을 정의한다.

$$E_{m,q}^{(h,k)}(x) = \int_{\mathbb{Z}_p}\cdots\int_{\mathbb{Z}_p}[x+x_1+\cdots+x_k]_q^m q^{x_1(h-1)+\cdots+x_k(h-k)} d\mu_{-q}(x_1)\cdots d\mu_{-q}(x_k)$$

라 하자. 그러면

$$\begin{aligned}E_{m,q}^{(h,k)}(x) &= \lim_{N\to\infty}\frac{1}{[p^N]_{-q}^k}\sum_{x_1=0}^{p^N-1}\cdots\sum_{x_k=0}^{p^N-1}[x+x_1+\cdots+x_k]_q^m(-1)^{x_1+\cdots x_k}q^{x_1h+\cdots+x_k(h-k+1)}\\ &= \frac{1}{(1-q)^m}\sum_{j=0}^{m}\binom{m}{j}(-1)^j\lim_{N\to\infty}\frac{1}{[p^N]_{-q}^k}\sum_{x_1\ldots x_k=0}^{p^N-1}q^{j(x+x_1+\cdots+x_k)}(-1)^{x_1+\cdots x_k}q^{x_1h+\cdots+x_k(h-k+1)}\\ &= \frac{1}{(1-q)^m}\sum_{j=0}^{m}\binom{m}{j}(-1)^j q^{xj}\lim_{N\to\infty}\frac{[2]_q^h}{(1+q^{p^N})^h}\frac{1+q^{(j+h)p^N}}{1+q^{j+h}}\cdots\frac{1+q^{(j+h-k+1)p^N}}{1+q^{j+h-k+1}}\\ &= \frac{1}{(1-q)^m}\sum_{j=0}^{m}\binom{m}{j}(-1)^j q^{jx}\frac{[2]_q^k}{(-q^{h+j}:q^{-1})_k}\end{aligned}$$

를 얻는다. 따라서

$$E_{m,q}^{(h,k)}(x)=\frac{1}{(1-q)^m}\sum_{j=0}^{m}\binom{m}{j}(-1)^j q^{jx}\frac{[2]_q^k}{(-q^{h+j}:q^{-1})_k}$$

를 얻는다. 이것을 이용하면 다음 식을 얻는다.

$$(q-1)^m E_{m,q}^{(h,k)}(x)=\sum_{j=0}^{m}\binom{m}{j}(-1)^{m-j}q^{jx}\frac{[2]_q^k}{(-q^{h+j}:q^{-1})_k}$$

여기서 $\binom{m}{j}$는 이항계수이다. 또한

$$q^h E_{m,q}^{(h,k)}(x+1)+E_{m,q}^{(h,k)}(x)=[2]_q E_{m,q}^{(h-1,k-1)}(x) \quad (6.14)$$

를 얻을 수 있다. 왜냐하면,

$$\begin{aligned}
&q^h E_{m,q}^{(h,k)}(x+1)\\
&=\frac{q^h}{(1-q)^m}\sum_{j=0}^{m}\binom{m}{j}(-1)^j q^{j(x+1)}\frac{[2]_q^k}{(-q^{h+j}:q^{-1})_k}\\
&=\frac{1}{(1-q)^m}\sum_{j=0}^{m}\binom{m}{j}(-1)^j q^{jx}q^{h+j}\frac{[2]_q^k}{(-q^{h+j}:q^{-1})_k}\\
&=\frac{1}{(1-q)^m}\sum_{j=0}^{m}\binom{m}{j}(-1)^j q^{jx}\{(q^{h+j}+1)-1\}\ \frac{[2]_q^k}{(-q^{h+j}:q^{-1})_k}\\
&=\frac{1}{(1-q)^m}\sum_{j=0}^{m}\binom{m}{j}(-1)^j q^{jx}\frac{[2]_q^k[2]_q^{k-1}}{(-q^{h+j}:q^{-1})_k}\\
&\quad-\frac{1}{(1-q)^m}\sum_{j=0}^{m}\binom{m}{j}(-1)^j q^{jx}\frac{[2]_q^k}{(-q^{h+j}:q^{-1})_k}\\
&=[2]_q q^h E_{m,q}^{(h-1,k-1)}(x)-E_{m,q}^{(h,k)}(x)
\end{aligned}$$

이기 때문이다. 또한

$$q^x E_{m,q}^{(h+1,k)}(x) = (q-1)E_{m+1,q}^{(h,k)}(x) + E_{m,q}^{(h,k)}(x) \qquad (6.15)$$

를 얻을 수 있다. 왜냐하면,

$$\begin{aligned}
& q^x E_{m,q}^{(h+1,k)}(x) \\
&= q^x \int_{\mathbb{Z}_p} \cdots \int_{\mathbb{Z}_p} [x+x_1+\cdots+x_k]_q^m q^{hx_1+(h-1)x_2+\cdots+(h+1-k)x_k} \\
&\quad d\mu_{-q}(x_1)\cdots d\mu_{-q}(x_k) \\
&= \int_{\mathbb{Z}_p} \cdots \int_{\mathbb{Z}_p} [x+x_1+\cdots+x_k]_q^m \\
&\quad q^{x+x_1+\cdots+x_k} q^{(h-1)x_1+(h-2)x_2+\cdots+(h-k)x_k} d\mu_{-q}(x_1)\cdots d\mu_{-q}(x_k) \\
&= \int_{\mathbb{Z}_p} \cdots \int_{\mathbb{Z}_p} [x+x_1+\cdots+x_k]_q^m \{[x+x_1+\cdots+x_k](q-1)+1\} \\
&\quad q^{(h-1)x_1+(h-2)x_2+\cdots+(h-k)x_k} d\mu_{-q}(x_1)\cdots d\mu_{-q}(x_k) \\
&= (q-1)\int_{\mathbb{Z}_p} \cdots \int_{\mathbb{Z}_p} [x+x_1+\cdots+x_k]_q^{m+1} \\
&\quad q^{(h-1)x_1+(h-2)x_2+\cdots+(h-k)x_k} d\mu_{-q}(x_1)\cdots d\mu_{-q}(x_k) \\
&\quad + \int_{\mathbb{Z}_p} \cdots \int_{\mathbb{Z}_p} [x+x_1+\cdots+x_k]_q^m \\
&\quad q^{(h-1)x_1+(h-2)x_2+\cdots+(h-k)x_k} d\mu_{-q}(x_1)\cdots d\mu_{-q}(x_k) \\
&= (q-1)E_{m+1,q}^{(h,k)}(x) + E_{m,q}^{(h,k)}(x)
\end{aligned}$$

를 얻기 때문이다. l을 홀수인 정수라 하면

$$
\begin{aligned}
&E_{m,q}^{(h,k)}(x)\\
&= \int_{\mathbb{Z}_p}\cdots\int_{\mathbb{Z}_p}[x+x_1+\cdots+x_k]_q^m q^{(h-1)x_1+\cdots+(h-k)x_k}\\
&\quad d\mu_{-q}(x_1)\cdots d\mu_{-q}(x_k)\\
&= \lim_{l\to\infty}\frac{1}{[lp^l]_{-q}^k}\sum_{x_1\cdots x_k=0}^{p^N-1}[x+x_1+\\
&\qquad \cdots+x_k]_q^m(-1)^{x_1+\cdots+x_k}q^{x_1+\cdots+x_k}q^{(h-1)x_1+\cdots+(h-k)x_k}\\
&= \lim_{l\to\infty}\frac{1}{[l]_{-q}^k}\frac{1}{[p^l]_{-q^l}^k}\sum_{i_1\cdots i_k=0}^{l-1}\sum_{x_1\cdots x_k=0}^{p^l-1}\\
&\quad [x+i_1+lx_1+\cdots+i_k+lx_k]_q^m(-1)^{i_1+lx_1+\cdots+i_k+lx_k}\\
&\quad q^{h(i_1+lx_1)+\cdots+(h-k+1)(i_k+lx_k)}\\
&= \frac{1}{[l]_{-q}^k}\sum_{i_1\cdots i_k=0}^{l-1}q^{(i_1+\cdots+i_k)h-i_2-2i_3-\cdots-(k-1)i_k}(-1)^{i_1+\cdots+i_k}\\
&\quad \lim_{l\to\infty}\frac{1}{[p^l]_{-q^l}^k}\sum_{x_1\cdots x_k=0}^{p^l-1}([\frac{x+i_1+\cdots+i_k}{l}+x_1+\cdots+x_k]_{q^l}+[l]_q)^m\\
&\quad (-1)^{x_1+\cdots+x_k}q^{hlx_1+\cdots+(h-k+1)lx_k}\\
&= \frac{[l]_q^m}{[l]_{-q}^k}\sum_{i_1\cdots i_k=0}^{l-1}q^{(i_1+\cdots+i_k)h-i_2-2i_3-\cdots-(k-1)i_k}(-1)^{i_1+\cdots+i_k}\\
&\quad \int_{\mathbb{Z}_p}\cdots\int_{\mathbb{Z}_p}[\frac{x+i_1+\cdots+i_k}{l}+x_1+\cdots+x_k]_{q^l}^m\\
&\quad (q^l)^{(h-1)x_1+(h-k)x_k}d\mu_{-q}(x_1)\cdots d\mu_{-q}(x_k)\\
&= \frac{[l]_q^m}{[l]_{-q}^k}\sum_{i_1\cdots i_k=0}^{l-1}q^{(i_1+\cdots+i_k)h-i_2-2i_3-\cdots-(k-1)i_k}\\
&\quad (-1)^{i_1+\cdots+i_k}E_{m,q^l}^{(h,k)}(\frac{x+i_1+\cdots+i_k}{l})
\end{aligned}
$$

를 얻는다. 따라서 홀수인 정수 l에 대하여 아래 식을 얻을 수 있다.

$$E_{m,q}^{(h,k)}(lx)$$
$$= \frac{[l]_q^m}{[l]_{q^l}^k} \sum_{i_1 \cdots i_k = 0}^{l-1} q^{(i_1+\cdots+i_k)h - i_2 - 2i_3 - \cdots - (k-1)i_k}$$
$$(-1)^{i_1+\cdots+i_k} E_{m,q^l}^{(h,k)}(x + \frac{i_1+\cdots+i_k}{l})$$

$h=k$의 경우를 고려하면 매우 흥미로운 결과들을 얻을 수 있다. 이 특별한 경우에 대하여 $E_{m,q}^{(k)}(x)$로 표현하기로 한다.

$$(q-1)^m E_{m,q}^{(k)}(x) = \sum_{j=0}^{m} \binom{m}{j} (-1)^{m-j} q^{jx} \frac{[2]_q^k}{(-q^{k+j} : q^{-1})_k} \tag{6.16}$$

그리고

$$E_{m,q^{-1}}^{(k)}(k-x) = (-1)^{m+\binom{k}{2}} E_{m,q}^{(k)}(x) \tag{6.17}$$

얻을 수 있다. 왜냐하면, (6.16)에 의하여

$$E_{m,q^{-1}}^{(k)}(k-x)$$
$$= \frac{1}{(1-q^{-1})^m} \sum_{i=0}^{m} \binom{m}{i} (-1)^i q^{-i(k-x)} \frac{[2]_q^k}{(-q^{k+i} : q^{-1})_k}$$
$$= \frac{1}{(1-q^{-1})^m} \sum_{i=0}^{m} \binom{m}{i} (-1)^i q^{-i(k-x)} \frac{[2]_{q^{-1}}^k}{(-q^{-(k+i)} : q)_k}$$

$$= \frac{(-1)^m q^m}{(1-q)^m} \sum_{i=0}^{m} \binom{m}{i} (-1)^i q^{-ik-k+ik+\binom{k+1}{2}} \frac{[2]_q^k}{(-q^{k+i} : q^{-1})_k} q^{ix}$$

$$= \frac{(-1)^m q^m}{(1-q)^m} \sum_{i=0}^{m} \binom{m}{i} (-1)^i q^{\binom{k}{2}} \frac{[2]_q^k}{(-q^{k+i} : q^{-1})_k} q^{ix}$$

$= (-1)^m q^{\binom{m}{2}} E_{m,q}^{(k)}(x) q^{ix}$ 이다.

(6.17)에 $x=k$를 대입하면 다음 식을 얻는다.

$$E_{m,q^{-1}}^{(k)}(0) = (-1)^{m+\binom{k}{2}} E_{m,q}^{(k)}(k) \tag{6.18}$$

(6.14)에 $x=k$를 대입하면 다음 식을 이끌어 낼 수 있다.

$$q^k E_{m,q}^{(k)}(x+1) + E_{m,q}^{(k)}(x) = [2]_q E_{m,q}^{(k-1)}(x) \tag{6.19}$$

(6.16)에 $x=0$를 대입하면 다음 식을 이끌어 낼 수 있다.

$$(q-1)^m E_{m,q}^{(k)} = \sum_{i=0}^{m} \binom{m}{i} (-1)^{m-i} \frac{[2]_q^k}{(-q^{k+i} : q^{-1})_k} \tag{6.20}$$

$$\sum_{i=0}^{m} \binom{m}{i} (q-1)^i \int_{\mathbb{Z}_p^k} [x_1 + \cdots + x_k]_q^i \, q^{(k-1)x_1 + \cdots + x_k} \, d\mu_{-q}(x_1) \cdots d\mu_{-q}(x_k)$$

$$= \frac{[2]_q^k}{(-q^{k+m} : q^{-1})_k}$$

임에 유의하면 다음 결과를 얻을 수 있다.

$$\sum_{i=0}^{m}\binom{m}{i}(q-1)^{i}E_{i,q}^{(k)}=\frac{[2]_q^k}{(-q^{k+m}:q^{-1})_k} \tag{6.21}$$

그리고

$$E_{m,q}^{(k)}(x)=(q^{x}E_q^{(k)}+[x]_q)^m,\ m\geq 1 \tag{6.22}$$

를 얻는다. 여기서 $(E_q^{(k)})^j=E_{j,q}^{(k)}$ 이다. 특별히 (6.19)로부터

$$q^k(qE_q^{(k)}+1)^m+E_{m,q}^{(k)}=[2]_qE_{m,q}^{(k-1)} \tag{6.23}$$

를 얻는다. p-진 q-적분에 의하여 간단히 계산을 하면 쉽게 다음의 결과를 얻을 수 있다.

$$\begin{aligned}
E_{0,q}^{(k)}&=\int_{\mathbb{Z}_p}\cdots\int_{\mathbb{Z}_p}q^{(h-1)x_1+\cdots+x_k}d\mu_{-q}(x_1)\cdots d\mu_{-q}(x_k)\\
&=\lim_{N\to\infty}\frac{1}{[p^N]_{-q}^k}\sum_{x_1\cdots x_k=0}^{p^N-1}(-1)^{x_1+\cdots+x_k}q^{kx_1+\cdots+2x_{l-1}+x_k}\\
&=[2]_q^k\lim_{N\to\infty}\frac{1}{(1+q^{p^N})^k}\frac{(1+q^{kp^N})}{(1+q^k)}\frac{(1+q^{(k-1)p^N})}{(1+q^{k-1})}\cdots\frac{(1+q^{p^N})}{(1+q)}\\
&=[2]_q^k\frac{1}{(1+q^k)(1+q^{k-1})\cdots(1+q)}=\frac{[2]_q^k}{(-q^k:q^{-1})_k}
\end{aligned}$$

따라서 $E_{0,q}^{(k)}=\dfrac{[2]_q^k}{(-q^k:q^{-1})_k}$ 를 얻는다.

6.5 확장된 고위 q-오일러 다항식의 생성함수

이 절에서는 생성함수에 대해서 공부한다. (6.16)로부터 다음과 같은 생성함수를 얻을 수 있다.

$$
\begin{aligned}
&[2]_q^k e^{\frac{t}{1-q}} \sum_{j=0}^{\infty} \frac{(-1)^j}{(-q^{j+k}:q^{-1})_k} q^{jx} \left(\frac{1}{1-q}\right)^j \frac{t^j}{j!} \\
&= [2]_q^k \left(\sum_{l=0}^{\infty} \left(\frac{1}{1-q}\right)^l \frac{t^l}{l!}\right)\left(\sum_{j=0}^{\infty} \frac{(-1)^j}{(-q^{j+k}:q^{-1})_k} q^{jx} \left(\frac{1}{1-q}\right)^j \frac{t^j}{j!}\right) \\
&= [2]_q^k \sum_{n=0}^{\infty} \left(\sum_{j=0}^{n} \frac{(-1)^j q^{jx}}{(-q^{j+k}:q^{-1})_k} \left(\frac{1}{1-q}\right)^n \frac{n!}{(n-j)!j!}\right) \frac{t^n}{n!} \\
&= [2]_q^k \sum_{n=0}^{\infty} \left(\frac{1}{(1-q)^n} \sum_{j=0}^{n} \binom{n}{j} (-1)^j \frac{q^{jx}}{(-q^{j+k}:q^{-1})_k}\right) \frac{t^n}{n!} \\
&= \sum_{n=0}^{\infty} E_{n,q}^{(h,k)} \frac{t^n}{n!} \qquad (6.24)
\end{aligned}
$$

한편

$$
E_{m,q}^{(h,k)}(x) = \frac{1}{(1-q)^m} \sum_{j=0}^{m} \binom{m}{j} (-1)^j \frac{q^{jx}[2]_q^k}{(-q^{j+k}:q^{-1})_k}
$$

이므로 (6.16)로부터 다음을 얻을 수 있다.

$$
\begin{aligned}
&q^{h-k}E_{m,q}^{(h,k+1)}(x+1)\\
&=\frac{q^{h-k}}{(1-q)^m}\sum_{i=0}^{m}\binom{m}{i}(-1)^i\frac{q^{i(x+1)}[2]_q^{k+1}}{(-q^{i+k}:q^{-1})_{k+1}}\\
&=\frac{1}{(1-q)^m}\sum_{i=0}^{m}\binom{m}{i}(-1)^i q^{ix}\frac{[2]_q^{k+1}}{(-q^{i+k}:q^{-1})_{k+1}}q^{i+h-k}\\
&=\frac{1}{(1-q)^m}\sum_{i=0}^{m}\binom{m}{i}(-1)^i q^{ix}\frac{[2]_q^{k+1}}{(-q^{i+h}:q^{-1})_{k}}\\
&=\frac{1}{(1-q)^m}\sum_{i=0}^{m}\binom{m}{i}(-1)^i q^{ix}\frac{[2]_q^{k+1}}{(-q^{i+h}:q^{-1})_{k+1}}\\
&=[2]_qE_{m,q}^{(h,k)}(x)-E_{m,q}^{(h,k+1)}(x)
\end{aligned}
$$

따라서

$$
q^{h-k}E_{m,q}^{(h,k+1)}(x+1)+E_{m,q}^{(h,k+1)}(x)=[2]_qE_{m,q}^{(h,k)}(x) \tag{6.25}
$$

를 얻는다. 다시 (6.20), (6.21)로부터

$$
E_{m,q}^{(k)}(x)=\sum_{j=0}^{m}\binom{m}{j}q^{xj}E_{j,q}^{(1)}E_{m-j,q}^{(k+j,k-1)}(x)) \tag{6.26}
$$

를 얻는다. 왜냐하면

$$
\begin{aligned}
&E_{m,q}^{(k)}(x)\\
&=\int_{\mathbb{Z}_p}\cdots\int_{\mathbb{Z}_p}[x+x_1+\cdots+x_k]_q^m\ q^{(k-1)x_1+\cdots+x_{k-1}}\\
&\qquad d\mu_{-q}(x_1)\cdots d\mu_{-q}(x_k)
\end{aligned}
$$

$$= \sum_{j=0}^{m}\binom{m}{j}q^{xj}\int_{\mathbb{Z}_p^k}[x_k]_q^j[x+x_1+\cdots+x_k]_q^{m-j}$$

$$q^{(k+j-1)x_1+\cdots+(j+1)x_{k-1}}d\mu_{-q}(x_1)\cdots d\mu_{-q}(x_k)$$

$$= \sum_{j=0}^{m}\binom{m}{j}q^{xj}E_{j,q}^{(1)}E_{m-j,q}^{(k+j,k-1)}(x)$$

이기 때문이다. $x=0$로 잡으면 다음 식을 얻는다.

$$E_{m,q}^{(k)} = \sum_{j=0}^{m}\binom{m}{j}q^{xj}E_{j,q}^{(1)}E_{m-j,q}^{(k+j,k-1)} \tag{6.27}$$

그래서 $k=2$에 대하여,

$$E_{m,q}^{(2)} = \sum_{j=0}^{m}\binom{m}{j}q^{xj}E_{j,q}^{(1)}E_{m-j,q}^{(k+2,1)}$$

를 얻는다.

$$E_{m,q}^{(h+1,1)} = \int_{\mathbb{Z}_p}[x]_q^m q^{hx}d\mu_{-q}(x)$$

$$= \int_{\mathbb{Z}_p}[x]_q^m((q-1)[x]_q+1)^h d\mu_{-q}(x)$$

$$\sum_{j=0}^{h}\binom{h}{j}(q-1)^j\int_{\mathbb{Z}_p}[x]_q^{m+j}d\mu_{-q}(x) = \sum_{j=0}^{h}\binom{h}{j}(q-1)^jE_{m+j,q} \tag{6.28}$$

(6.31), (6.32)로부터, 다음 식을 얻는다.

$$E_{m,q}^{(2)} = \sum_{j=0}^{m}\binom{m}{j}E_{j,q}\sum_{i=0}^{j+1}\binom{j+1}{i}(q-1)^iE_{m-j+i,q} \tag{6.29}$$

$q=1$에 대하여, 우리는 아래 재미있는 공식을 얻는다.

$$E_m^{(2)} = \sum_{j=0}^{m}\binom{m}{j}E_j E_{m-j}$$

여기서 $\left(\frac{2}{e^t+1}\right)^k = \sum_{n=0}^{\infty}E_n^{(k)}\frac{t^n}{n!}$ 이다. 또한

$$\begin{aligned}[x+x_1+\cdots+x_k]_q^m &= ([x+x_1]_q + q^{x_1+x}[x_2+\cdots+x_k]_q)^m \\ &= \sum_{j=0}^{m}\binom{m}{j}([x+x_1]_q^{m-j}q^{jx_1+jx}[x_2+\cdots+x_k]_q^j\end{aligned}$$

이므로 다음 식을 얻을 수 있다.

$$\begin{aligned}E_{m,q}^{(k)}(x) = &\int_{\mathbb{Z}_p^k}[x+x_1+\cdots+x_k]_q^m q^{(k-1)x_1+\cdots+x_{k-1}} \\ &\qquad d\mu_{-q}(x_1)\cdots d\mu_{-q}(x_k)\end{aligned}$$

$$\begin{aligned}&= \sum_{j=0}^{m}\binom{m}{j}q^{xj}\int_{\mathbb{Z}_p}[x+x_1]_q^{m-j}q^{(k+j-1)x_1}d\mu_{-q}(x_1) \\ &\quad \int_{\mathbb{Z}_p}\cdots\int_{\mathbb{Z}_p}[x_2+\cdots+x_k]_q^j q^{(k-2)x_2+\cdots+x_{k-1}}d\mu_{-q}(x_2)\cdots d\mu_{-q}(x_k) \\ &= \sum_{j=0}^{m}\binom{m}{j}q^{jx}E_{m-j,q}^{(k+j,1)}(x)E_{j,q}^{(k-1,k-1)} \\ &= \sum_{j=0}^{m}\binom{m}{j}q^{jx}E_{m-j,q}^{(k+j,1)}(x)E_{j,q}^{(k-1)}\end{aligned}$$

이다. 따라서

$$E_{m,q}^{(k)}(x) = \sum_{j=0}^{m}\binom{m}{j}q^{jx}E_{m-j,q}^{(k+j,1)}(x)E_{j,q}^{(k-1)} \tag{6.30}$$

이다. 사실 $x=0$ 이면

$$
\begin{aligned}
E_{m,q}^{(k)} &= \sum_{j=0}^{m}\binom{m}{j}E_{m-j,q}^{(k+j,1)}E_{j,q}^{(k-1)} \\
&= \sum_{j=0}^{m}\binom{m}{j}E_{j,q}^{(k-1)}\sum_{i=0}^{k+j}\binom{k+j-1}{i}E_{m-j+i,q}^{(1)}
\end{aligned}
\tag{6.31}
$$

을 얻는다. 또한 $q=1$에 대하여 아래 공식을 얻는다.

$$
E_{m}^{(k)} = \sum_{j=0}^{m}\binom{m}{j}E_{j}^{(k-1)}E_{m-j}^{(1)}
$$

6.6 $\mathbb{C}$ 상에서 q-오일러 제타 함수

이 절에서는 $|q|<1$인 $q \in \mathbb{C}$로 가정한다. 4.3절로부터,

$$
\begin{aligned}
E_{m,q}^{(h,1)}(x) &= \frac{[2]_q}{(1-q)^m}\sum_{l=0}^{m}\binom{m}{l}(-1)^l q^{lx}\frac{1}{1+q^{l+h}} \\
&= \frac{[2]_q}{(1-q)^m}\sum_{l=0}^{m}\binom{m}{l}(-1)^l q^{lx}\sum_{n=0}^{\infty}(-1)^n q^{n(l+h)} \\
&= \frac{[2]_q}{(1-q)^m}\sum_{n=0}^{\infty}(-1)^n q^{nh}\sum_{l=0}^{m}\binom{m}{l}(-1)^l q^{l(n+x)} \\
&= [2]_q\sum_{n=0}^{\infty}(-1)^n q^{nh}[n+x]_q^m
\end{aligned}
\tag{6.32}
$$

그러므로 우리는 다음과 같이 q-오일러 제타함수를 정의할 수 있다.

> **[정의 6.6.1]** $s \in \mathbb{C}$, $|q| < 1$인 $q \in \mathbb{C}$에 대하여 q-오일러 제타함수 $\zeta_{E,q}^{(h)}(s, x)$를 다음과 같이 정의한다.
>
> $$\zeta_{E,q}^{(h)}(s, x) = [2]_q \sum_{n=0}^{\infty} \frac{q^{nh}(-1)^n}{[n+x]_q^s}$$

여기서 x는 $0 < x \leq 1$를 만족하는 $x \in \mathbb{R}$이다.

임의의 $m \in \mathbb{N} = \{1, 2, 3, \cdots\}$에 대하여

$$\zeta_{E,q}^{(h)}(-m, x) = E_{m,q}^{(h,1)}(x)$$

임을 주의하자. $F_q(t, x) = \sum_{n=0}^{\infty} E_{n,q}^{(h,1)}(x) \frac{t^n}{n!}$라 하면

$$\begin{aligned}
F_q(t,x) &= [2]_q e^{\frac{1}{1-q}} \sum_{j=0}^{\infty} \frac{(-1)^j}{1+q^{j+h}} q^{jx} \left(\frac{1}{1-q}\right)^j \frac{t^n}{j!} \\
&= [2]_q e^{\frac{1}{1-q}} \sum_{n=0}^{\infty} (-1)^n q^{hn} \sum_{j=0}^{\infty} (-1)^j q^{jn} q^{jx} \left(\frac{1}{1-q}\right)^j \frac{t^n}{j!} \\
&= [2]_q e^{\frac{1}{1-q}} \sum_{n=0}^{\infty} (-1)^n q^{hn} \sum_{j=0}^{\infty} (-1)^j q^{j(n+x)} \left(\frac{1}{1-q}\right)^j \frac{t^n}{j!} \\
&= [2]_q e^{\frac{1}{1-q}} \sum_{n=0}^{\infty} (-1)^n q^{hn} e^{-\frac{q^{n+x}}{1-q}t} \\
&= [2]_q \sum_{n=0}^{\infty} (-1)^n q^{hn} e^{[n+x]_q t}
\end{aligned}$$

를 얻는다. 따라서 다음 보조정리를 얻는다.

[보조정리 6.6.2]

$$F_q(t,x)=[2]_q\sum_{n=0}^{\infty}(-1)^n q^{hn}e^{[n+x]_q t}=\sum_{n=0}^{\infty}E_{n,q}^{(h,1)}(x)\frac{t^n}{n!} \tag{6.33}$$

감마함수 $\Gamma(s)$, $s\in\mathbb{C}$에 대하여

$$\begin{aligned}
&\frac{1}{\Gamma(s)}\int_0^{\infty}t^{s-1}F_q(-t,x)dt\\
&=\frac{[2]_q}{\Gamma(s)}\int_0^{\infty}t^{s-1}\sum_{n=0}^{\infty}(-1)^n q^{hn}e^{-[n+x]_q t}dt\\
&=[2]_q\sum_{n=0}^{\infty}(-1)^n q^{hn}\frac{1}{\Gamma(s)}\int_0^{\infty}t^{s-1}e^{-[n+x]_q t}dt\\
&=[2]_q\sum_{n=0}^{\infty}\frac{(-1)^n q^{hn}}{[n+x]_q^s}=\zeta_{E,q}^h(s,x)
\end{aligned} \tag{6.34}$$

를 얻는다. (6.33),(6.34)로부터, 다음을 얻을 수 있다.

$$\zeta_{E,q}^h(-n,x)=E_{n,q}^{(h,1)}(x),\ n\in\mathbb{N}$$

7 q-정수와 그 응용

7.1 기초준비

$n \in \mathbb{N} = \{1, 2, 3, \cdots\}$에 대하여

$$1^3 + 2^3 + 3^3 + \cdots + n^3 = \binom{n+1}{2}^2 \tag{7.1}$$

라는 것은 고전적 공식으로 너무나 잘 알려져 있다. 또한 수학적 귀납법으로 쉽게 증명할 수 있다. 2004년 K.C.Garret와 K.Hummel은 다음과 같은 (7.1)의 q-유사 합 공식을 얻었다.

$$\sum_{k=1}^{\infty} q^{k-1} [k]_q^2 \left(\frac{[k-1]_q}{[2]_q} + \frac{[k+1]_q}{[2]_q} \right) = \begin{bmatrix} n+2 \\ 2 \end{bmatrix}_q^2 \tag{7.2}$$

을 얻었다. 여기서

$$\begin{bmatrix} n \\ k \end{bmatrix}_q = \prod_{j=1}^{k} \frac{1 - q^{h+1-j}}{1 - q^j} = \frac{[k]_q \cdots [h+1-k]_q}{[k]_q!} \tag{7.3}$$

인 q-이항계수이다. 그 논문에서 (7.1)에 합에 대한 q-유사 합은 어떻게 구할 것인가? 라는 문제를 제시했다. 그 답은 다음과 같이 구할 수 있다.

$$\sum_{k=1}^{\infty} q^{2n-2k}\left(\frac{[k]_q^2[2k]_q}{[2]_q}\right) = \begin{bmatrix} n+2 \\ 2 \end{bmatrix}_q^2 \tag{7.4}$$

또한 일반적으로 아래 잘 알려진 결과에 대해서도 q-유사 합은 어떻게 구할 것인가? 라는 같은 문제를 생각할 수 있을 것이다.

$$\sum_{k=1}^{n} k^4 = \frac{1}{30} n(n+1)(2n+1)(3n^2+3n-1) \tag{7.5}$$

$$\sum_{k=1}^{n} k^5 = \frac{1}{12} n^2(n+1)^2(2n^2+2n-1) \tag{7.6}$$

7.2 기본 초기하 급수

$q \in \mathbb{C}$를 기저라고 부르는 변수로 잡는다. q는 $|q| < 1$과 같은 어떤 제한도 두지 않는다. 보조변수 a와 음수가 아닌 정수 k에 대하여, q-이동 인수(shift factorial)를 다음과 같이 정의한다.

$$(a;q)_k = \prod_{j=1}^{k}(1 - aq^{j-1})$$

공적들을 1로 정의하기로 한다. 따라서 $(a;q)_0 = 1$ 이다. 쓰는 기호를 간단히 하기 위해서 다음과 같이 쓰기로 한다.

$$(a_1, a_2, \cdots, a_m; q)_k = (a_1; q)_k (a_2; q) \cdots (a_m; q)_k$$

다음은 기본 초기하 ${}_{r+1}\phi_r$ 급수를 다음과 같이 정의한다.

$$ {}_{r+1}\phi_r \left[\begin{matrix} a_1, a_2, \cdots, a_{r+1} \\ b_1, b_2, \cdots, b_r \end{matrix} | q, z \right] = \sum_{k=0}^{\infty} \frac{(a_1, a_2, \cdots, a_{r+1}; q)_k}{(q, b_1, b_2, \cdots, b_r; q)_k} z^k \tag{7.7}$$

[정의 7.2.1] 만약 $b_1 b_2 \cdots b_r = a_1 a_2 \cdots, a_r q$ 그리고 $z = q$ 일 때 기본 초기하 ${}_{r+1}\phi_r$ 급수를 균형이 잡힌(balanced)이라고 부른다.

[정의 7.2.2] 만약 $a_1 q = a_2 b_1 = \cdots = a_{r+1} b_r$ 일 때 기본 초기하 ${}_{r+1}\phi_r$ 급수를 잘 안정된(well-poised)이라고 부른다. 만약 $a_1 q = a_2 b_1 = \cdots = a_{r+1} b_r$ 그리고 $a_2 = -a_3 = q\sqrt{a_1}$ 일 때 기본 초기하 ${}_{r+1}\phi_r$ 급수를 매우 잘 안정된(very well-poised)이라고 부른다.

매우 잘 안정된 균형 급수 ${}_{10}\phi_9$ 에 대한 Baitey의 변환공식은 다음과 같다.

$$
{}_{10}\phi_9\left[\begin{matrix} a,\, q\sqrt{a},\, -q\sqrt{a},\, b,\, c,\, d,\, e,\, f,\, \lambda aq^{n+1}/ef,\, q^{-n} \\ \sqrt{a},\, -\sqrt{a},\, aq/b,\, aq/c,\, aq/d,\, aq/e,\, aq/f,\, efq^{-n}/\lambda,\, aq^{n+1} \end{matrix};q,\, q\right]
$$

$$
= \frac{(aq,\, aq/ef,\, \lambda q/ef,\, \lambda q/f\,;\, q)_n}{(aq/e,\, aq/f,\, \lambda q/ef,\, \lambda q\,;\, q)_n}
$$

$$
\times\, {}_{10}\phi_9\left[\begin{matrix} \lambda, q\sqrt{\lambda}, -q\sqrt{\lambda}, \lambda b/a, \lambda c/a, \lambda d/a, e, f, \lambda aq^{n+1}/ef, q^{-n} \\ \sqrt{\lambda}, -\sqrt{\lambda}, aq/b, aq/c, aq/d, aq/e, \lambda q/f, efq^{-n}/\lambda, \lambda q^{n+1} \end{matrix};q,\, q\right] \tag{7.8}
$$

여기서 $\lambda = qa^2/bcd$. (7.8)에서 $d = aq/e$로 잡으면, $\lambda = a/b$이 되고 e를 c로 f를 d로 바꾸면 매우 잘 안정된 균형 급수 ${}_{10}\phi_9$에 대한 Jackson의 합 공식을 얻을 수 있다.

$$
{}_8\phi_7\left[\begin{matrix} a,\, q\sqrt{a},\, -q\sqrt{a},\, b,\, c,\, d,\, a^2q^{n+1}/bcd,\, q^{-n} \\ \sqrt{a},\, -\sqrt{a},\, aq/b,\, aq/c,\, aq/d,\, bcdq^{-n}/a,\, aq^{n+1} \end{matrix};q,\, q\right]
$$

$$
= \frac{(aq,\, aq/bc,\, aq/bd,\, aq/cd;\, q)_n}{(aq/b,\, aq/c,\, aq/d,\, aq/bcd;\, q)_n} \tag{7.9}
$$

마지막으로 $d \to \infty$로 잡으면 (7.9)으로부터 매우 잘 안정된 균형 급수 ${}_6\phi_5$를 얻을 수 있다.

$$
{}_6\phi_5\left[\begin{matrix} a,\, q\sqrt{a},\, -q\sqrt{a},\, b,\, c,\, q^{-n} \\ \sqrt{a},\, -\sqrt{a},\, aq/b,\, aq/c,\, aq^{n+1} \end{matrix};q,\, aq^{1+n}/bc\right]
$$

$$
= \frac{(aq,\, aq/bc\,;\, q)_n}{(aq/b,\, aq/c;\, q)_n} \tag{7.10}
$$

7.3 q-정수의 합

K.C.Garret와 K.Hummel은 다음과 같은 공식을 얻었다.

$$\begin{bmatrix} k+1 \\ 2 \end{bmatrix}_q^2 - \begin{bmatrix} k \\ 2 \end{bmatrix}_q^2 = q^{k-1}\left(\frac{1-q^k}{1-q}\right)^2\left(\frac{1-q^{k-1}}{1-q^2}+\frac{1-q^{k+1}}{1-q^2}\right) \tag{7.11}$$

을 얻었다. 왜냐하면

$$\begin{aligned}
&\left(\frac{[k+1]_q[k]_q}{[2]_q}\right)^2 - \left(\frac{[k]_q[k-1]_q}{[2]_q}\right)^2 \\
&= [k]_q^2\left\{\left(\frac{[k+1]_q+[k-1]_q}{[2]_q}\right)\left(\frac{[k+1]_q-[k-1]_q}{[2]_q}\right)\right\} \\
&= [k]_q^2\left\{\left(\frac{(1-q^{k-1})+(1-q^{k+1})}{1-q^2}\right)\left(\frac{(1-q^{k-1})-(1-q^{k+1})}{1-q^2}\right)\right\} \\
&= [k]_q^2 q^{k-1}\left(\frac{1-q^{k-1}}{1-q^2}+\frac{1-q^{k+1}}{1-q^2}\right)
\end{aligned}$$

이기 때문이다. (7.2)와 (7.11)의 양변에 k를 1부터 n까지 합하면

$$\begin{aligned}
&\sum_{k=1}^{n}\left\{\begin{bmatrix} k+1 \\ 2 \end{bmatrix}_q^2 - \begin{bmatrix} k \\ 2 \end{bmatrix}_q^2\right\} \\
&\quad = \begin{bmatrix} n+1 \\ 2 \end{bmatrix}_q^2 \\
&\quad = \sum_{k=1}^{n} q^{k-1}\left(\frac{1-q^k}{1-q}\right)^2\left(\frac{1-q^{k-1}}{1-q^2}+\frac{1-q^{k+1}}{1-q^2}\right)
\end{aligned}$$

이다. (7.9)에서, $d = a/bc$로 잡는다. 따라서

$$\sum_{k=0}^{n} \frac{(1-aq^{2k})}{(1-a)} \frac{(a, b, c, a/bc; q)_k}{(q, aq/b, aq/c, bcq; q)_k} q^k = \frac{(aq, bq, cq, aq/bc; q)_n}{(q, aq/b, aq/c, bcq; q)_n} \tag{7.12}$$

를 얻는다. 다음 $c \to \infty$ 잡고 위 식의 양변에 b^n을 곱하면,

$$\sum_{k=0}^{n} \frac{(1-aq^{2k})}{(1-a)} \frac{(a, b; q)_k}{(q, aq/b; q)_k} b^{n-k} = \frac{(aq, bq; q)_n}{(q, aq/b; q)_n} \tag{7.13}$$

(7.4)의 합에 대한 Warnaar의 q-유사를 얻기 위해서 (5.13)에 n 대신 $n-1$를 대입하고 k 대신 $k-1$로 $a = b = q^2$으로 놓으면 다음을 얻을 수 있다. 먼저 간단히 다음을 계산할 수 있다.

$$\begin{aligned}(q^2;q)_{k-1} &= (1-q^2)(1-q^3)\cdots(1-q^2q^{k-1}) \\ &= (1-q^2)(1-q^3)\cdots(1-q^{k+1})\end{aligned}$$

이고

$$\begin{aligned}(q;q)_{k-1} &= (1-q)(1-q^2)\cdots(1-qq^{k-1}) \\ &= (1-q)(1-q^2)(1-q^3)\cdots(1-q^k)\end{aligned}$$

이므로

$$\frac{(q^2;q)_{k-2}}{(q;q)_{k-1}} = \frac{1-q^{k+1}}{1-q}$$

이다.

$$\begin{aligned}(q^3;q)_{n-1} &= (1-q^3)(1-q^4)\cdots(1-q^3q^{n-2})\\ &= (1-q^3)(1-q^4)\cdots(1-q^{n+1})\\ (q;q)_{n-1} &= (1-q)(1-q^2)\cdots(1-qq^{n-2})\\ &= (1-q)(1-q^2)(1-q^3)\cdots(1-q^{n-1})\end{aligned}$$

이므로

$$\begin{aligned}\frac{(q^3;q)_{n-1}}{(q;q)_{n-1}} &= \frac{(1-q^n)(1-q^{n+1})}{(1-q)(1-q^2)}\\ &= \frac{[n]_q[n+1]_q}{[2]_q}\\ &= \begin{bmatrix} n+1 \\ 2 \end{bmatrix}_q\end{aligned}$$

이다. 따라서

$$\begin{aligned}&\sum_{k=0}^{n-1}\frac{(1-q^{2(k+1)})}{(1-q^2)}\frac{(q^2,q^2;q)_k}{(q,q;q)_k}q^{2(n-1-k)}\\ &= \frac{(q^3,q^3;q)_{n-1}}{(q,q;q)_{n-1}}\\ &\to \sum_{k=0}^{n-1}\frac{(1-q^{2(k+1)})}{(1-q^2)}\frac{(q^2;q)_k(q^2;q)_k}{(q;q)_k(q;q)_k}q^{2(n-1-k)}\\ &= \frac{(q^3;q)_{n-1}(q^3;q)_{n-1}}{(q;q)_{n-1}(q;q)_{n-1}}\\ &\to \sum_{k=0}^{n-1}\frac{(1-q^{2(k+1)})^2(1-q^{2(k+1)})}{(1-q^2)(1-q)^2}q^{2(n-1-k)}\\ &= \begin{bmatrix} n+1 \\ 2 \end{bmatrix}_q^2\end{aligned}$$

를 얻는다. (5.13)에서 1부터 n까지 제곱의 합

$$\sum_{k=1}^{n} k^2 = \frac{1}{6} n(n+1)(2n+1)$$

의 q-유사 합을 포함하고 있다. (7.13)에 n 대신 $n-1$을 대입하고 $a = q^2$, $b = q^{\frac{3}{2}}$을 대입하면 다음을 얻을 수 있다.

$$\sum_{k=1}^{n} \frac{(1-q^{2k})(1-q^k)}{(1-q^2)(1-q)} q^{\frac{3}{2}(n-k)} = \frac{(1-q^n)(1-q^{n+1})(1-q^{n+\frac{1}{2}})}{(1-q)(1-q^2)(1-q^{\frac{3}{2}})} \tag{7.14}$$

(7.14)는 다음식과 동치이다.

$$\sum_{k=1}^{n} \frac{[2k]_q [k]_q}{[2]_q} q^{\frac{3}{2}(n-k)} = \frac{[n]_q [n+1]_q [n+\frac{1}{2}]_q}{[2]_q [\frac{3}{2}]_q}$$

또한 (7.13)은 1부터 n까지 합

$$\sum_{k=1}^{n} k = \frac{1}{2} n(n+1) = \binom{n+1}{2}$$

의 q-유사 합을 포함하고 있다. (7.13)에 n 대신 $n-1$를 대입하고 $a = q^2$, $b = q$을 대입하면 다음을 얻을 수 있다.

$$\sum_{k=1}^{n} \frac{(1-q^{2k})}{(1-q^2)} q^{n-k} = \begin{bmatrix} n+1 \\ 2 \end{bmatrix}_q^2 \tag{7.15}$$

(7.15)는 다음식과 동치이다.

$$\sum_{k=1}^{n} \frac{[2k]_q}{[2]_q} q^{n-k} = \sum_{k=1}^{n} [k]_{q^2} q^{n-k} = \begin{bmatrix} n+1 \\ 2 \end{bmatrix}_q^2$$

왜냐하면,

$$\begin{aligned} &\sum_{k=0}^{n-1} \frac{(1-q^{2(k+1)})}{(1-q^2)} \frac{(q^2;q)_k (q\,;q)_k}{(q;q)_k (q^2;q)_k} q^{n-1-k} \\ &= \sum_{k=0}^{n-1} \frac{(1-q^{2(k+1)})}{(1-q^2)} q^{n-1-k} \\ &= \sum_{k=1}^{n} \frac{1-q^{2k}}{1-q^2} q^{n-k} \end{aligned}$$

이며,

$$\begin{aligned} \frac{(q^3, q^2;q)_{n-1}}{(q, q^3/q;q)_{n-1}} &= \frac{(1-q^n)(1-q^{n+1})}{(1-q)(1-q^2)} \\ &= \frac{[n]_q [n+1]_q}{[2]_q [1]_q} = \begin{bmatrix} n+1 \\ 2 \end{bmatrix}_q \end{aligned}$$

이기 때문이다. (7.14)와 (7.15)는 q-유사에 대응하는 다른 형태이다. 즉,

$$\sum_{k=1}^{n} \frac{(1-q^{3k})(1-q^{k})}{(1-q^{3})(1-q)} q^{2(n-k)} = \frac{(1-q^{n})(1-q^{n+1})(1-q^{2n+1})}{(1-q)(1-q^{2})(1-q^{3})} \tag{7.16}$$

(7.16)은 다음식과 동치이다.

$$\sum_{k=1}^{n} \frac{[3k]_q [k]_q}{[3]_q [1]_q} q^{2(n-k)} = \sum_{k=1}^{n} [k]_{q^3} [k]_q q^{2(n-k)} = \frac{[n]_q [n+1]_q [2n+1]_q}{[3]_q [2]_q [1]_q}$$

그리고

$$\sum_{k=1}^{n} \frac{(1-q^{k})}{(1-q)} q^{2(n-k)} = \sum_{k=1}^{n} [k]_q q^{2(n-k)} = \begin{bmatrix} n+1 \\ 2 \end{bmatrix}_q \tag{7.17}$$

이다. 이러한 두 항등식 Gasper의 합으로부터 쉽게 다음을 이끌어 낼 수 있다.

$$\sum_{k=0}^{n} \frac{(1-p^{k}q^{k})}{(1-a)} \frac{(a;p)_k (c;q)_k}{(q;q)_k (ap/c;p)_k} c^{-k} = \frac{(ap;p)_n (cq;q)_n}{(q;q)_n (ap/c;p)_n} c^{-n} \tag{7.18}$$

이 공식은 (7.13)보다 더 일반화된 공식이다. (5.18)에서

$$\sum_{k=0}^{n-1} \frac{(1-p^k q^k)}{(1-a)} \frac{(a;p)_k (c;q)_k}{(q;q)_k (ap/c;p)_k} c^{n-k-1} = \frac{(ap;p)_{n-1}(cq;q)_{n-1}}{(q;q)_{n-1}(ap/c;p)_{n-1}}$$

을 얻는다.

[i] $c = p = q^2$, $a = q^3$ 으로 잡고 n 대신 $n-1$ 를 대입하면

$$\begin{aligned}
&\sum_{k=0}^{n-1} \frac{(1-p^{3(k+1)})(q^2;q)_k}{(1-q^3)(q;q)_k} q^{2(n-k-1)} \\
&= \sum_{k=0}^{n-1} \frac{(1-p^{3(k+1)})(1-q^2)(1-q^3)\cdots(1-q^k)(1-q^{k+1})}{(1-q^3)(1-q)(1-q^2)(1-q^3)\cdots(1-q^k)} q^{2(n-k-1)} \\
&= \sum_{k=0}^{n-1} \frac{(1-p^{3(k+1)})(1-q^{k+1})}{(1-q^3)(1-q)} q^{2(n-k-1)} \\
&= \sum_{k=0}^{n} \frac{(1-p^{3k})(1-q^k)}{(1-q^3)(1-q)} q^{2(n-k)}
\end{aligned}$$

그리고

$$\begin{aligned}
&\frac{(ap;p)_{n-1}(cq;q)_{n-1}}{(q;q)_{n-1}(ap/c;p)_{n-1}} \\
&= \frac{(q^5;q^2)_{n-1}(q^3;q)_{n-1}}{(q;q)_{n-1}(q^3;q^2)_{n-1}} \\
&= \frac{(1-q^{2n+1})(1-q^n)(1-q^{n+1})}{(1-q)(1-q^2)(1-q^3)} \\
&= \frac{[2n+1]_q [n+1]_q [n]_q}{[3]_q [2]_q [1]_q}
\end{aligned}$$

이다. 따라서

$$\sum_{k=1}^{n}\frac{(1-q^{3k})(1-q^{k})}{(1-q^{3})(1-q)}q^{2(n-k)}$$
$$=\sum_{k=1}^{n}[k]_{q^3}^{k}[k]_q q^{2(n-k)}$$
$$=\frac{[n]_q[n+1]_q[2n+1]_q}{[3]_q[2]_q[1]_q}$$

를 얻는다.

[ii] $c=q^2$ 그리고 $c=0$으로 놓으면

$$\sum_{k=0}^{n-1}\frac{(q^2;q)_k}{(q;q)_k}q^{2(n-k-1)}$$
$$=\sum_{k=0}^{n-1}\frac{(1-q^2)(1-q^3)\cdots(1-q^k)(1-q^{k+1})}{(1-q)(1-q^2)(1-q^3)\cdots(1-q^k)}q^{2(n-k-1)}$$
$$=\sum_{k=0}^{n-1}\frac{(1-q^{k+1})}{(1-q)}q^{2(n-k-1)}$$
$$=\sum_{k=0}^{n}\frac{(1-q^{k})}{(1-q)}q^{2(n-k)}$$

이다. 따라서

$$\frac{(q^3;q)_{n-1}}{(q;q)_{n-1}}=\frac{(1-q^3)(1-q^4)\cdots(1-q^{n+1})}{(1-q)(1-q^2)(1-q^3)\cdots(1-q^{n-1})}$$
$$=\frac{(1-q^{n})(1-q^{n+1})}{(1-q)(1-q^2)}$$
$$=\frac{[n+1]_q[n]_q}{[2]_q[1]_q}$$
$$=\begin{bmatrix}n+1\\2\end{bmatrix}_q$$

를 얻는다. (7.13)로부터 1부터 n까지 합 $\sum_{k=1}^{n}(2k-1)=n^2$에 대한 q-유사 합을 얻을 수 있다. 즉 (7.13)에 n 대신 $n-1$ 그리고 $a=b=q$를 대입하면

$$\sum_{k=1}^{n}\frac{(1-q^{2k-1})}{(1-q)}q^{n-k}=\sum_{k=1}^{n}[2k-1]_q q^{n-k}=\left(\frac{1-q^n}{1-q}\right)^2=[n]_q^2$$

을 얻는다. 왜냐하면,

$$\begin{aligned}
&\sum_{k=0}^{n-1}\frac{(1-q^{2k+1})}{(1-q)}\frac{(q,q;q)_k}{(q,q;q)_k}q^{n-1-k}\\
&\quad=\frac{(q^2,q^2;q)_{n-1}}{(q,q;q)_{n-1}}\\
&\to\sum_{k=0}^{n-1}\frac{(1-q^{2k-1})}{(1-q)}q^{n-k}\\
&\quad=\frac{(q^2;q^2;q)_{n-1}}{(q,q;q)_{n-1}}\\
&\quad=\frac{(1-q^n)^2}{(1-q)^2}\\
&\quad=[n]_q^2
\end{aligned}$$

이기 때문이다. 1부터 n까지 합

$$\sum_{k=1}^{n}(2k-1)^2=\frac{1}{3}n(2n-1)(2n+1)$$

에 대한 q-유사 합을 얻을 수 있다. 즉 (5.13)에 $a=q, b=q^{\frac{3}{2}}$를

대입하면

$$\begin{aligned}&\sum_{k=1}^{n}\frac{(1-q^{2k-1})(1-q^{k-\frac{1}{2}})}{(1-q)(1-q^{\frac{1}{2}})}q^{(n-k)\frac{3}{2}}\\&=\frac{(1-q^{n})(1-q^{n-\frac{1}{2}})(1-q^{n+\frac{1}{2}})}{(1-q)(1-q^{\frac{1}{2}})(1-q^{\frac{3}{2}})}\end{aligned}\tag{7.19}$$

을 얻는다. (7.19)는 다음과 동치이다.

$$\begin{aligned}&\sum_{k=1}^{n}[2k-1]_q[2k-1]_{q^{\frac{1}{2}}}q^{[n-k]\frac{3}{2}}\\&=\frac{[n]_q[2n-1]_{q^{\frac{1}{2}}}[2n+1]_{q^{\frac{1}{2}}}}{[3]_{q^{\frac{1}{2}}}}\end{aligned}$$

왜냐하면,

$$\begin{aligned}&\sum_{k=0}^{n-1}\frac{(1-q^{2k+1})}{(1-q\ )}\frac{(q,q^{\frac{3}{2}};q)_k}{(q,q^{\frac{1}{2}};q)_k}q^{\frac{3}{2}(n-1-k)}\\&=\frac{(q^2,q^{\frac{5}{2}};q)_{n-1}}{(q,q^{\frac{1}{2}};q)_{n-1}}\end{aligned}$$

이고

$$\sum_{k=0}^{n-1}\frac{(1-q^{2k+1})}{(1-q)}\frac{\dfrac{(q;q)_k(q^{\frac{3}{2}};q)_k}{(q;q)_k(q^{\frac{1}{2}};q)_k}}{}q^{\frac{3}{2}(n-1-k)}$$

$$=\sum_{k=0}^{n-1}\frac{(1-q^{2k+1})}{(1-q)}\frac{(1-q^{\frac{3}{2}})(1-q^{\frac{3}{2}}q)\cdots(1-q^{\frac{3}{2}}q^{k-1})}{(1-q^{\frac{1}{2}})(1-q^{\frac{1}{2}}q)\cdots(1-q^{\frac{1}{2}}q^{k-1})}q^{\frac{3}{2}(n-1-k)}$$

$$=\sum_{k=1}^{n}\frac{(1-q^{2k-1})}{(1-q)}\frac{(1-q^{\frac{2k-1}{2}})}{(1-q^{\frac{1}{2}})}q^{\frac{3}{2}(n-k)}$$

이다. 또한

$$\frac{(q^2,q^{\frac{3}{2}};q)_{n-1}}{(q,q^{\frac{1}{2}};q)_{n-1}}=\frac{(q;q)_{n-1}(q^{\frac{3}{2}};q)_{n-1}}{(q;q)_{n-1}(q^{\frac{1}{2}};q)_{n-1}}$$

$$=\frac{(1-q^2)(1-q^3)\cdots(1-q^{2+n-2})(1-q^{\frac{5}{2}})(1-q^{\frac{5}{2}+1})\cdots(1-q^{\frac{3}{2}+n-2})}{(1-q)(1-q^2)\cdots(1-q^{n-2})(1-q^{\frac{1}{2}})(1-q^{\frac{1}{2}+1})\cdots(1-q^{\frac{1}{2}+n-2})}$$

$$=\frac{(1-q^n)(1-q^{\frac{2n-1}{2}})(1-q^{\frac{2n+1}{2}})}{(1-q)(1-q^{\frac{1}{2}})(1-q^{\frac{3}{2}})}=\frac{[n]_q[2n-1]_{q^{\frac{1}{2}}}[2n+1]_{q^{\frac{1}{2}}}}{[3]_{q^{\frac{1}{2}}}}$$

이기 때문이다. (7.13)로부터 교대합에 대한 결과를 얻을 수 있다. n 대신 $n-1$ 그리고 $b=-a$를 대입하면 다음을 얻는다.

$$\sum_{k=1}^{n}\frac{(1-aq^{2k-2})(a^2;q^2)_{k-1}}{(1-a)(q^2;q^2)_{k-1}}(-1)^{n-k}a^{n-k}=\frac{(a^2q^2;q^2)_{n-1}}{(q^2;q^2)_{n-1}} \tag{7.20}$$

왜냐하면 (7.13)에 $b = -a$를 대입하면

$$\sum_{k=0}^{n-1} \frac{(1-aq^{2k})}{(1-a)} \frac{(a;q)_k(-a;q)_k}{(q;q)_k(-q;q)_k}(-a)^{n-k-1}$$

$$= \sum_{k=0}^{n-1} \frac{(1-aq^{2k})}{(1-a)} \frac{(a;q)_k(-a;q)_k}{(q;q)_k(-q;q)_k}(-1)^{n-k}a^{n-k-1}$$

$$= \sum_{k=0}^{n-1} \frac{(1-aq^{2k})}{(1-a)} \frac{(1-a)\cdots(1-aq^{k-1})(1+a)\cdots(1+aq^{k-1})}{(1-q)\cdots(1-q^{2k})}(-1)^{n-k-1}a^{n-k-1}$$

$$= \sum_{k=0}^{n} \frac{(1-aq^{2k})}{(1-a)} \frac{(1-a^2)\cdots(1-a^2q^{2(k-1)})}{(1-q^2)\cdots(1-q^{2k})}(-1)^{n-k-1}a^{n-k-1}$$

$$= \sum_{k=1}^{n} \frac{(1-aq^{2(k-1)})}{(1-a)} \frac{(1-a^2)(1-a^2q^2)\cdots(1-a^2q^{2(k-2)})}{(1-q^2)\cdots(1-q^{2(k-1)})}(-1)^{n-k}a^{n-k}$$

$$= \sum_{k=1}^{n} \frac{(1-aq^{2(k-1)})}{(1-a)} \frac{(a^2;q^2)_{k-1}}{(q^2;q^2)_{k-1}}(-1)^{n-k}a^{n-k}$$

이고

$$\frac{(aq,-aq;q)_{n-1}}{(q,-q;q)_{n-1}} = \frac{(aq;q)_{n-1}(-aq;q)_{n-1}}{(q;q)_{n-1}(-q;q)_{n-1}}$$

$$= \frac{(1-aq)\cdots(1-aqq^{n-2})(1+aq)\cdots(1+aqq^{n-2})}{(1-q)(1-q^2)\cdots(1-q^{n-1})(1+q)(1+q^2)\cdots(1+q^{n-1})}$$

$$= \frac{(1-a^2q^2)\cdots(1-a^2q^{2(n-2)})}{(1-q^2)\cdots(1-q^{2(n-1)})} = \frac{(a^2q^2;q^2)_{n-1}}{(q^2;q^2)_{n-1}}$$

이므로 우리는 (7.20)을 얻을 수 있다. 만약 n이 짝수이면

$$\sum_{k=1}^{n}(2k-1)(-1)^{n-k}$$
$$= \sum_{k=1}^{n}(2k-1)(-1)^{k}$$
$$= -1+3-5+7-\cdots+(-1)^{n-1}(2(n-1)-1)+(-1)^n(2n-1)$$
$$= 2+2+\cdots+2$$

$$= 2 \cdot \frac{n}{2}$$
$$= n$$

이다. 만약 n이 홀수이면

$$\begin{aligned}\sum_{k=1}^{n}(2k-1)(-1)^{n-k} \\ &= \sum_{k=1}^{n}(2k-1)(-1)^{k-1} \\ &= 1-3+5-7+\cdots+(-1)^{n-2}(2(n-1)-1)+(-1)^{n}(2n-1) \\ &= -2 \cdot \frac{n-1}{2}+(2n-1) \\ &= n\end{aligned}$$

이므로 다음 결과에 주의하자.

$$\sum_{k=1}^{n}(2k-1)(-1)^{n-k}=n$$

또한 위와 유사하게 다음 결과를 얻는다.

만약 n이 짝수이면

$$\begin{aligned}\sum_{k=1}^{n}k^2(-1)^{n-k} &= \sum_{k=1}^{n}k^2(-1)^{k} \\ &= -1^2+2^2-3^2+4^2-5^2+6^2-7^2+ \\ &\quad \cdots +(-1)^{n-1}(n-1)^2+(-1)^{n}n^2 \\ &= 3+7+11+\cdots+(-1)^{n}(2n-1) \\ &= \sum_{k=1}^{n}(4k-1)=\frac{n(n+1)}{2}=\binom{n+1}{2}\end{aligned}$$

이다. 만약 n이 홀수이면

$$\begin{aligned}\sum_{k=1}^{n} k^2(-1)^{n-k} &= \sum_{k=1}^{n} k^2(-1)^{k-1} \\ &= 1^2-2^2+3^2-4^2+5^2-6^2 \\ &\quad +\cdots+(-1)^{n-1-1}(n-1)^2+(-1)^{n-1}n^2 \\ &= -4-7-11-\cdots(-1)^{n-1}n^2 \\ &= \sum_{k=1}^{n-1}(4k-1)+n^2 = \frac{n(n+1)}{2} = \binom{n+1}{2}\end{aligned}$$

이므로 다음 결과에 주의하자.

$$\sum_{k=1}^{n} k^2(-1)^{n-k} = \binom{n+1}{2}$$

그럼 홀수 정수들의 교대합

$$\sum_{k=1}^{n}(2k-1)(-1)^{n-k} = n$$

에 대한 q-유사 교대합을 알아보도록 하자. (7.20)에 $a=q$를 대입하면,

$$\sum_{k=1}^{n}\frac{(1-q^{2k-1})}{(1-q)}(-1)^{n-k}q^{n-k} = \frac{1-q^{2n}}{1-q^2} \tag{7.21}$$

을 얻는다. (7.21)는 다음식과 동치이다.

$$\sum_{k=1}^{n}[2k-1]_q(-1)^{n-k}q^{n-k}$$
$$=[n]_{q^2}$$
$$=\frac{[2n]_q}{[2]_q}$$

왜냐하면,

$$\sum_{k=1}^{n}\frac{(1-q^{2k-1})}{(1-q)}\frac{(q^2;q^2)_{k-1}}{(q^2;q^2)_{k-1}}(-1)^{n-k}q^{n-k}=\frac{(q^4;q^2)_{n-1}}{(q^2;q^2)_{n-1}}$$

이며

$$\frac{(q^4;q^2)_{n-1}}{(q^2;q^2)_{n-1}}=\frac{(1-q^4)(1-q^6)\cdots(1-q^4q^{2(n-2)})}{(1-q^2)(1-q^4)\cdots(1-q^2q^{2(n-2)})}$$
$$=\frac{1-q^{2n}}{1-q^2}$$

이므로 우리는 쉽게

$$\sum_{k=1}^{n}[2k-1]_q(-1)^{n-k}q^{n-k}$$
$$=[n]_{q^2}$$
$$=\frac{[2n]_q}{[2]_q}$$

을 얻는다. 제곱의 교대합에

$$\sum_{k=1}^{n} k^2 (-1)^{n-k} = \binom{n+1}{2} \tag{7.22}$$

대한 q-유사를 알아보도록 하자. (7.20)에 $a = q^2$ 를 대입하고 q^2 대신 q를 대입하면 다음식 (7.23)을 얻을 수 있다.

$$\sum_{k=1}^{n} \left(\frac{1-q^k}{1-q} \right)^2 (-1)^{n-k} q^{n-k} = \begin{bmatrix} n+1 \\ 2 \end{bmatrix}_q^4 = \binom{n+1}{2}_q \tag{7.23}$$

(7.23)은 다음식과 동치이다.

$$\sum_{k=1}^{n} [k]_q^2 (-1)^{n-k} q^{n-k} = \binom{n+1}{2}_q$$

왜냐하면, (7.20)에 $a = q^2$ 을 대입하면

$$\sum_{k=1}^{n} \frac{(1-q^{2k})}{(1-q)} \frac{(q^4;q^2)_{k-1}}{(q^2;q^2)_{k-1}} (-1)^{n-k} q^{2(n-k)} = \frac{(q^6;q^2)_{n-1}}{(q^2;q^2)_{n-1}}$$

이다. 따라서

$$\begin{aligned} &\sum_{k=1}^{n} \frac{(1-q^{2k})}{(1-q)} \frac{(1-q^4)(1-q^6)\cdots(1-q^4 q^{2(k-2)})}{(1-q^2)(1-q^4)\cdots(1-q^2 q^{2(k-2)})} (-1)^{n-k} q^{2(n-k)} \\ &= \sum_{k=1}^{n} \frac{(1-q^{2k})}{(1-q)} \frac{(1-q^{2k})}{(1-q^2)} (-1)^{n-k} q^{2(n-k)} \end{aligned}$$

를 얻고, 또한

$$\begin{aligned}\frac{(q^6;q^2)_{n-1}}{(q^2;q^2)_{n-1}} &= \frac{(1-q^6)(1-q^6)\cdots(1-q^6q^{2(n-2)})}{(1-q^2)(1-q^4)\cdots(1-q^2q^{2(n-2)})}\\ &= \frac{(1-q^{2n})(1-q^{2n+2})}{(1-q^2)(1-q^4)}\end{aligned}$$

이므로

$$\begin{aligned}\sum_{k=1}^{n}\frac{(1-q^{2k})}{(1-q)}\frac{(1-q^{2k})}{(1-q^2)}(-1)^{n-k}q^{2(n-k)} \\ = \frac{(1-q^{2n})(1-q^{2(n+1)})}{(1-q^2)(1-q^4)}\end{aligned}$$

이다. q^2 대신 q를 대입하면

$$\sum_{k=1}^{n}\left(\frac{1-q^k}{1-q}\right)^2(-1)^{n-k}q^{n-k} = \frac{(1-q^n)(1-q^{n+1})}{(1-q)(1-q^2)} = \binom{n+1}{2}_q$$

이다. 마지막으로, $a=q^2$, $b=-q^{\frac{3}{2}}$, n 대신에 $n-1$을 대입하면 (7.24)의 식을 얻는다.

$$\sum_{k=1}^{n}\frac{(1-q^{2k})(1-q^k)}{(1-q^2)(1-q)}(-1)^{n-k}q^{\frac{3}{2}(n-k)} = \frac{(1+q^{n+\frac{1}{2}})}{(1+q^{\frac{3}{2}})}\binom{n+1}{2}_q \tag{7.24}$$

이것은 (7.22)의 또 다른 q-유사이다. (7.24)는 다음 식과 동치이다.

$$\sum_{k=1}^{n}[k]_{q^2}[k]_q(-1)^{n-k}q^{\frac{3}{2}(n-k)} = \binom{n+1}{2}_q \frac{[2]_{q^{n+\frac{1}{2}}}}{[2]_{q^{\frac{3}{2}}}}$$

왜냐하면, (7.3)에 $a=q^2,\ b=-q^{\frac{3}{2}}$, n 대신에 $n-1$을 대입하면

$$\sum_{k=0}^{n-1}\frac{(1-q^2q^{2k})}{(1-q^2)}\frac{(q^2,\ -q^{\frac{3}{2}};q)_k}{(q,\ -q^3/q^{\frac{3}{2}};q)_k}(-q^{\frac{3}{2}})^{n-k-1} = \frac{(q^3,\ -q^{\frac{3}{2}}q;q)_{n-1}}{(q,\ -q^3/q^{\frac{3}{2}};q)_{n-1}}$$

이다. 또한

$$\begin{aligned}
&\sum_{k=0}^{n-1}\frac{(1-q^{2(k+1)})}{(1-q^2)}\frac{(1-q^2)(1-q^3)\cdots(1-q^{k+1})}{(1-q)(1-q^2)\cdots(1-q^k)}(-1)^{n-k-1}q^{\frac{3}{2}(n-k-1)}\\
&=\sum_{k=0}^{n-1}\frac{(1-q^{2(k+1)})}{(1-q^2)}\frac{(1-q^{k+1})}{(1-q)}(-1)^{n-k-1}q^{\frac{3}{2}(n-k-1)}\\
&=\sum_{k=1}^{n}\frac{(1-q^{2k})}{(1-q^2)}\frac{(1-q^k)}{(1-q)}(-1)^{n-k}q^{\frac{3}{2}(n-k)}
\end{aligned}$$

를 얻는다. 왜냐하면

$$\frac{(q^3,q^{\frac{5}{2}};q)_{n-1}}{(q,\ -q^{\frac{3}{2}};q^2)_{n-1}} = \frac{(1+q^{\frac{5}{2}}q^{n-2})(1-q^n)(1-q^{n+1})}{(1+q^{\frac{3}{2}})(1-q)(1-q^2)}$$

이고

$$\sum_{k=1}^{n}\frac{(1-q^{2k})}{(1-q^2)}\frac{(1-q^k)}{(1-q)}(-1)^{n-k}q^{\frac{3}{2}(n-k)} = \frac{(1+q^{n+\frac{1}{2}})}{(1+q^{\frac{3}{2}})}\binom{n+1}{2}_q$$

이기 때문이다.

7.4 q-4승(quarts) 및 5승(quints) 정수의 합

Jackson의 합 (7.9)로부터 얻은 합 (7.12)는 일반화의 합을 얻는데 매우 유용하다. 식 (7.8)에서 먼저 $d = aq^{n+1}$라 하면 $\lambda = aq^{-n}/bc$이고 $f \to \infty$, $a = b = q^2$으로 놓자. 이렇게 놓으면 아래 합을 얻을 수 있다.

$$\sum_{k=0}^{n} \frac{(1-q^{2k+2})}{(1-q^2)} \frac{(q^2, q^2, c, e; q)_k}{(q, q, q^3/c, q^3/e; q)_k} \left(\frac{q}{ce}\right)^k$$

$$= \frac{(q^3, ce; q)_n}{(q^3/e, c; q)_n} e^{-n} \sum_{k=0}^{n} \frac{(q^{-n}/c, q^{-n}/c, q^{-2-n}, e; q)_k}{(q, q, q^3/c, q^{1-n}/ce; q)_k} \left(\frac{q^{n+3}}{e}\right)^k \tag{7.25}$$

(7.25)의 오른쪽을 계산하기 위하여 우리는 다음 간단한 관계를 이용한다.

$$\sum_{k=0}^{n} a_k = \left(\sum_{k=0}^{n+2} a_k\right) - a_{n+1} - a_{n+2}$$

(7.10)에 의하여, 다음을 증명할 수 있다.

$$\sum_{k=0}^{n+2} \frac{(1-q^{2k-n}/c)}{(1-q^{-n}/c)} \frac{(q^{-n}/c, q^{-n}/c, q^{-2-n}, e; q)_k}{(q, q, q^3/c, q^{1-n}/ce; q)_k} \left(\frac{q^{n+3}}{e}\right)^k$$

$$= \frac{(q^{1-n}/c, q/e; q)_{n+2}}{(q, q^{1-n}/ce; q)_{n+2}} = \frac{(c/q^2, q/e; q)_{n+2}}{(q, ce/q^2; q)_{n+2}},$$

$$\sum_{k=0}^{n}\frac{(1-q^{2k-n}/c)(q^{-n}/c, q^{-n}/c, q^{-2-n}, e;q)_k}{(1-q^{-n}/c)(q,q,q^3/c,q^{1-n}/ce;q)_k}\left(\frac{q^{n+3}}{e}\right)^k$$
$$=\frac{(c/q;q)_{n+1}(q/e;q)_{n+2}}{(ce/q;q)_{n+1}(q;q)_{n+2}}\left[\frac{(1-c/q^2)}{(1-ce/q^2)}e^{n+2}+\left(\frac{(e;q)_{n+1}(c/q;q)_{n+2}}{(q^3/c;q)_{n+1}(q/e;q)_{n+2}}\left(\frac{q}{c}\right)^n\right)\right.$$
$$\left.\cdot\left(\frac{(1-q^{n+2}/c)(1-q^{n+2})^2}{(1-q)(1-c/q)^2}+\frac{(1-eq^{n+1})}{(1-ce/q^2)}\frac{q^{n+2}}{c}\right)\right]$$

(7.25)의 오른쪽 변위에 합에 대한 위의 마지막 식을 대입하면 다음을 얻는다.

$$\sum_{k=0}^{n}\frac{(1-q^{2k+2})(q^2,q^2,c,e;q)_k}{(1-q^2)(q,q,q^3/c,q^3/e;q)_k}\left(\frac{q}{ce}\right)^k$$
$$=\frac{(1-c/q)(1-q/e)(1-q^2/e)}{(1-ce/q)(1-q)(1-q^2)}e^{-n}\left[\frac{(1-c/q^2)}{(1-ce/q^2)}e^{n+2}+\left(\frac{(e;q)_{n+1}(c/q;q)_{n+2}}{(q^3/c;q)_{n+1}(q/e;q)_{n+2}}\left(\frac{q}{c}\right)^n\right)\right.$$
$$\left.\cdot\left(\frac{(1-q^{n+2}/c)(1-q^{n+2})^2}{(1-q)(1-c/q)^2}+\frac{(1-eq^{n+1})}{(1-ce/q^2)}\frac{q^{n+2}}{c}\right)\right]$$
$$=\frac{(1-c/q)(1-q/e)(1-q^2/e)}{(1-ce/q)(1-q)(1-q^2)}e^{-n}\left[\frac{(1-c/q^2)}{(1-ce/q^2)}e^{n+2}+\left(\frac{(e;q)_{n+1}(c;q)_{n+1}}{(q^3/c;q)_{n}(q/e;q)_{n+2}}\left(\frac{q}{c}\right)^n\right)\right.$$
$$\left.\cdot\left(\frac{(1-q^{n+1})(1-q^{n+2})}{(1-q)(1-c/q)}+\frac{(1-e/q)}{(1-ce/q^2)}q^{n+1}\right)\right] \tag{7.26}$$

(7.26)에 n대신 $n-1$을 대입하고, k 대신에 $k-1$, 양변에 $(ce/q)^{n-1}$을 곱하면 다음 보조정리를 얻는다.

[보조정리 7.4.1]

$$\sum_{k=1}^{n}\frac{(1-q^{2k})(1-q^{k})^{2}(c,e;q)_{k-1}}{(1-q^{2})(1-q)^{2}(q^{3}/c,q^{3}/e;q)_{k-1}}\left(\frac{ce}{q}\right)^{n-k}$$
$$=\frac{(1-c/q)(1-q/e)(1-q^{2}/e)}{(1-ce/q)(1-q)(1-q^{2})}\left[\frac{(1-c/q^{2})}{(1-ce/q^{2})}e^{2}\left(\frac{ce}{q}\right)^{n-1}\right.$$
$$\left.+\frac{(e;q)_{n}(c;q)_{n}}{(q^{3}/c;q)_{n-1}(q/e;q)_{n+1}}\cdot\left(\frac{(1-q^{n})(1-q^{n+1})}{(1-q)(1-c/q)}-\frac{(1-e/q)}{(1-ce/q^{2})}q^{n}\right)\right] \tag{7.27}$$

$c=q^{2}$ 이면 다음 계를 얻을 수 있다.

[따름정리 7.4.2]

$$\sum_{k=1}^{n}\frac{(1-q^{2k})}{(1-q^{2})}\left(\frac{1-q^{k}}{1-q}\right)^{3}\frac{(e;q)_{k-1}}{(q^{3}/e;q)_{k-1}}(eq)^{n-k}$$
$$=\frac{(1-q^{n})(1-q^{n+1})(e;q)_{n}}{(1-q)(1-q^{2})(1-eq)(q^{3}/e;q)_{n-1}}\left(\frac{(1-q^{n})(1-q^{n+1})}{(1-q)^{2}}-\frac{(1-e/q)}{(1-e)}q^{n}\right) \tag{7.28}$$

$c=q^{\frac{3}{2}}$ 이면 다음 계를 얻을 수 있다.

[따름정리 7.4.3]

$$\sum_{k=1}^{n}\frac{(1-q^{2k})}{(1-q^{2})}\left(\frac{1-q^{k}}{1-q}\right)^{2}\frac{(e;q)_{k-1}}{(q^{3}/c;q)_{k-1}}\left(cq^{\frac{1}{2}}\right)^{n-k}$$
$$=\frac{(1-c/q)(1-q^{-\frac{1}{2}})(1-q^{-\frac{1}{2}})}{(1-cq^{\frac{1}{2}})(1-q)(1-q^{2})}\left[\frac{(1-c/q^{2})}{(1-cq^{-\frac{1}{2}})}q^{3}\left(cq^{\frac{1}{2}}\right)^{n-1}\right.$$

$$+\frac{(1-q^{n+\frac{1}{2}})(c;q)_n}{(1-q^{-\frac{1}{2}})(1-q^{-\frac{1}{2}})(q^3/c;q)_{n-1}}\cdot\left(\frac{(1-q^n)(1-q^{n+1})}{(1-q)(1-c/q)}-\frac{(1-q^{-\frac{1}{2}})}{(1-cq^{-\frac{1}{2}})}q^n\right)\Bigg] \tag{7.29}$$

결국 우리는 정수들의 멱승의 교대 합과 여러 합의 q-유사를 이끌어 내기 위해 따름정리 7.4.2와 따름정리 7.4.3의 특별한 경우를 생각하면 된다. 따름정리 7.4.2에 $e = q^{\frac{3}{2}}$를 대입하면, (7.30)을 얻는다.

$$\sum_{k=1}^{n}\frac{(1-q^{2k})}{(1-q^2)}\left(\frac{1-q^k}{1-q}\right)^3 q^{\frac{5}{2}(n-k)}(eq)^{n-k}$$
$$=\frac{(1-q^n)(1-q^{n+1})(1-q^{n+\frac{1}{2}})}{(1-q)(1-q^2)(1-q^{\frac{5}{2}})}\left(\frac{(1-q^n)(1-q^{n+1})}{(1-q)^2}-\frac{(1-q^{\frac{1}{2}})}{(1-q^{\frac{3}{2}})}q^n\right) \tag{7.30}$$

(7.30)은 다음과 동치이다.

$$\sum_{k=1}^{n}\frac{[2k]_q}{[2]_q}[k]_q^3 q^{\frac{5}{2}(n-k)} = \sum_{k=1}^{n}[k]_{q^2}[k]_q^3 q^{\frac{5}{2}(n-k)}$$
$$=\frac{[n]_q[n+1]_q[n+\frac{1}{2}]_q}{[1]_q[2]_q[\frac{5}{2}]_q}\left([n]_q[n+1]_q-\frac{[\frac{1}{2}]_q}{[\frac{3}{2}]_q}q^n\right)$$

왜냐하면, $e = q^{\frac{3}{2}}$에 대하여

$$\sum_{k=1}^{n}\frac{(1-q^{2k})}{(1-q^2)}\left(\frac{1-q^k}{1-q}\right)^3\frac{(q^{\frac{3}{2}};q)_{k-1}}{(q^3/q^{\frac{3}{2}};q)_{k-1}}\left(q^{\frac{3}{2}}q\right)^{n-k}$$
$$=\sum_{k=1}^{n}\frac{(1-q^{2k})}{(1-q^2)}\left(\frac{1-q^k}{1-q}\right)^3\left(q^{\frac{5}{2}}\right)^{n-k}$$

이고

$$\frac{(1-q^n)(1-q^{n+1})(q^{\frac{3}{2}};q)_n}{(1-q)(1-q^2)(1-q^{\frac{5}{2}})(q^{\frac{3}{2}};q)_{n-1}}\left(\frac{(1-q^n)(1-q^{n+1})}{(1-q)^2}-\frac{(1-q^{\frac{1}{2}})}{(1-q^{\frac{3}{2}})}q^n\right)$$
$$=\frac{(1-q^n)(1-q^{n+1})(1-q^{n+\frac{1}{2}})}{(1-q)(1-q^2)(1-q^{\frac{5}{2}})}\left(\frac{(1-q^n)(1-q^{n+1})}{(1-q)^2}-\frac{(1-q^{\frac{1}{2}})}{(1-q^{\frac{3}{2}})}q^n\right)$$

이기 때문이다. 따름정리 7.4.2의 특별한 경우로 $e=q^2$을 대입하면

$$\sum_{k=1}^{n}\frac{(1-q^{2k})}{(1-q^2)}\left(\frac{1-q^k}{1-q}\right)^4 q^{3(n-k)}$$
$$=\frac{(1-q^n)^2(1-q^{n+1})^2}{(1-q)^2(1-q^2)(1-q^3)}\left(\frac{(1-q^n)(1-q^{n+1})}{(1-q)^2}-\frac{(1-q)}{(1-q^2)}q^n\right) \tag{7.31}$$

(7.31)은 다음과 동치이다.

$$\sum_{k=1}^{n}[k]_{q^2}[k]_q^4 q^{3(n-k)}$$
$$=\frac{[n]_q^2[n+1]_q^2}{[2]_q[3]_q}\left([n]_q[n+1]_q-\frac{1}{[2]_q}q^n\right)$$

왜냐하면, $e=q^2$에 대하여

$$\sum_{k=1}^{n}\frac{(1-q^{2k})}{(1-q^{2})}\left(\frac{1-q^{k}}{1-q}\right)^{3}\frac{(q^{2};q)_{k-1}}{(q^{3}/q^{2};q)_{k-1}}(q^{2}q)^{n-k}$$
$$=\sum_{k=1}^{n}\frac{(1-q^{2k})}{(1-q^{2})}\left(\frac{1-q^{k}}{1-q}\right)^{4}q^{3(n-k)}$$

이고

$$\frac{(1-q^{n})(1-q^{n+1})(q^{2};q)_{n}}{(1-q)(1-q^{2})(1-q^{3})(q^{3}/q^{2};q)_{n-1}}\left(\frac{(1-q^{n})(1-q^{n+1})}{(1-q)^{2}}-\frac{(1-q^{2}/q)}{(1-q^{2})}q^{n}\right)$$
$$=\frac{(1-q^{n})^{2}(1-q^{n+1})^{2}}{(1-q)^{2}(1-q^{2})(1-q^{3})}\left(\frac{(1-q^{n})(1-q^{n+1})}{(1-q)^{2}}-\frac{(1-q)}{(1-q^{2})}q^{n}\right)$$

이기 때문이다. 따름정리 5.4.2의 특별한 경우로

$$e=q^{-\frac{3}{2}},\ e=-q^{2},\ e\to 0,\ e\to\infty$$

을 대입하면 다음을 얻을 수 있다.

$$\sum_{k=1}^{n}k^{4}(-1)^{n-k}=\frac{1}{2}n(n+1)(n^{2}+n-1) \tag{7.32}$$

따름정리 7.4.2의 특별한 경우로 $e=-q^{\frac{3}{2}}$, $e=-q^{2}$ 을 대입하면 다음을 얻을 수 있다.

$$\sum_{k=1}^{n}\frac{(1-q^{2k})}{(1-q^{2})}\left(\frac{1-q^{k}}{1-q}\right)^{3}(-1)^{n-k}q^{\frac{5}{2}(n-k)}$$
$$=\frac{(1-q^{n})(1-q^{n+1})(1+q^{n+\frac{1}{2}})}{(1-q)(1-q^{2})(1+q^{\frac{5}{2}})}\left(\frac{(1-q^{n})(1-q^{n+1})}{(1-q)^{2}}-\frac{(1+q^{\frac{1}{2}})}{(1+q^{\frac{3}{2}})}q^{n}\right) \tag{7.33}$$

(7.33)은 다음과 동치이다.

$$\sum_{k=1}^{n}[k]_{q^2}[k]_q^3(-1)^{n-k}q^{\frac{5}{2}(n-k)}$$
$$=\frac{[n]_q[n+1]_q[2]_{q^{n+\frac{1}{2}}}}{[2]_q[\frac{5}{2}]_{q^{\frac{5}{2}}}}\left([n]_q[n+1]_q-\frac{[2]_{q^{\frac{1}{2}}}}{[2]_{q^{\frac{3}{2}}}}q^n\right)$$

$$\sum_{k=1}^{n}\left(\frac{(1-q^{2k})}{(1-q^2)}\right)^2\left(\frac{1-q^k}{1-q}\right)^2(-1)^{n-k}q^{3(n-k)}$$
$$=\frac{(1-q^{2n})(1-q^{2(n+1)})}{(1-q)(1-q^2)(1+q^3)(1+q)}\left(\frac{(1-q^n)(1-q^{n+1})}{(1-q)^2}-\frac{(1+q)}{(1+q^2)}q^n\right)$$
(7.34)

(7.34)는 다음과 동치이다.

$$\sum_{k=1}^{n}[k]_{q^2}^2[k]_q^2(-1)^{n-k}q^{3(n-k)}$$
$$=\frac{[2n]_q[n+1]_{q^2}}{[2]_{q^3}[2]_q}\left([n]_q[n+1]_q-\frac{[2]_q}{[2]_{q^2}}q^n\right)$$

왜냐하면, 따름정리 7.4.2에 $e=q^{\frac{3}{2}}$ 을 대입하면,

$$\sum_{k=1}^{n}\frac{(1-q^{2k})}{(1-q^2)}\left(\frac{1-q^k}{1-q}\right)^3\left(\frac{(-q^{\frac{3}{2}};q)_{k-1}}{(q^3/-q^{\frac{3}{2}};q)_{k-1}}\right)(-q^{\frac{3}{2}}q)^{n-k}$$
$$=\sum_{k=1}^{n}\frac{(1-q^{2k})}{(1-q^2)}\left(\frac{1-q^k}{1-q}\right)^3\left(\frac{(-q^{\frac{3}{2}};q)_{k-1}}{(-q^{\frac{3}{2}};q)_{k-1}}\right)(-1)^{n-k}q^{\frac{5}{2}(n-k)}$$
$$=\sum_{k=1}^{n}\frac{(1-q^{2k})}{(1-q^2)}\left(\frac{1-q^k}{1-q}\right)^3(-1)^{n-k}q^{\frac{5}{2}(n-k)}$$

를 얻을 수 있다. 또한

$$\frac{(1-q^n)(1-q^{n+1})}{(1-q)(1-q^2)(1+q^{\frac{3}{2}}q)}\frac{(-q^{\frac{3}{2}};q)_n}{(-q^3/q^{\frac{3}{2}};q)_{n-1}}\left(\frac{(1-q^n)(1-q^{n+1})}{(1-q)^2}-\frac{(1+q^{\frac{1}{2}}/q)}{(1+q^{\frac{3}{2}})}q^n\right)$$

$$=\frac{(1-q^n)(1-q^{n+1})}{(1-q)(1-q^2)(1+q^{\frac{5}{2}})}\frac{(-q^{\frac{3}{2}};q)_n}{(-q^{\frac{3}{2}};q)_{n-1}}\left(\frac{(1-q^n)(1-q^{n+1})}{(1-q)^2}-\frac{(1+q^{\frac{1}{2}})}{(1+q^{\frac{3}{2}})}q^n\right)$$

$$=\frac{(1-q^n)(1-q^{n+1})(1+q^{n+\frac{1}{2}})}{(1-q)(1-q^2)(1+q^{\frac{5}{2}})}\left(\frac{(1-q^n)(1-q^{n+1})}{(1-q)^2}-\frac{(1+q^{\frac{1}{2}})}{(1+q^{\frac{3}{2}})}q^n\right)$$

이다. 따라서

$$\sum_{k=1}^{n}\frac{(1-q^{2k})}{(1-q^2)}\left(\frac{1-q^k}{1-q}\right)^3(-1)^{n-k}q^{\frac{5}{2}(n-k)}$$

$$=\frac{(1-q^n)(1-q^{n+1})(1+q^{n+\frac{1}{2}})}{(1-q)(1-q^2)(1+q^{\frac{5}{2}})}\left(\frac{(1-q^n)(1-q^{n+1})}{(1-q)^2}-\frac{(1+q^{\frac{1}{2}})}{(1+q^{\frac{3}{2}})}q^n\right)$$

이기 때문이다. 따름정리 7.4.2의 특별한 경우로 $e=-q^2$을 대입하면 다음을 얻을 수 있다.

$$\sum_{k=1}^{n}\frac{(1-q^{2k})}{(1-q^2)}\left(\frac{1-q^k}{1-q}\right)^3\left(\frac{(-q^2;q)_{k-1}}{(q^3/-q^2;q)_{k-1}}\right)(-q^2q)^{n-k}$$

$$=\sum_{k=1}^{n}\frac{(1-q^{2k})}{(1-q^2)}\left(\frac{1-q^k}{1-q}\right)^3\frac{(-q^2;q)_{k-1}}{(-q;q)_{k-1}}(-1)^{n-k}q^{3(n-k)}$$

$$=\sum_{k=1}^{n}\frac{(1-q^{2k})}{(1-q^2)}\left(\frac{1-q^k}{1-q}\right)^3\frac{(1+q^2)(1+q^3)\cdots(1+q^k)}{(1+q)(1+q^2)\cdots(1+q^{k-1})}(-1)^{n-k}q^{3(n-k)}$$

$$=\sum_{k=1}^{n}\frac{(1-q^{2k})}{(1-q^2)}\left(\frac{1-q^k}{1-q}\right)^3\frac{(1+q^k)}{(1+q)}(-1)^{n-k}q^{3(n-k)}$$

$$=\sum_{k=1}^{n}\left(\frac{1-q^{2k}}{1-q^2}\right)^2\left(\frac{1-q^k}{1-q}\right)^3(-1)^{n-k}q^{3(n-k)}$$

이고

$$\frac{(1-q^n)(1-q^{n+1})}{(1-q)(1-q^2)(1+q^3)}\frac{(-q^2;q)_n}{(q^3/-q^2;q)_{n-1}}\left(\frac{(1-q^n)(1-q^{n+1})}{(1-q)^2}-\frac{(1+q^2/q)}{(1+q^2)}q^n\right)$$
$$=\frac{(1-q^n)(1-q^{n+1})}{(1-q)(1-q^2)(1+q^3)}\frac{(-q^2;q)_n}{(-q;q)_{n-1}}\left(\frac{(1-q^n)(1-q^{n+1})}{(1-q)^2}-\frac{(1+q)}{(1+q^2)}q^n\right)$$
$$=\frac{(1-q^n)(1-q^{n+1})(1+q^n)(1+q^{n+1})}{(1-q)(1-q^2)(1+q^3)(1+q)}\left(\frac{(1-q^n)(1-q^{n+1})}{(1-q)^2}-\frac{(1+q)}{(1+q^2)}q^n\right)$$
$$=\frac{(1-q^{2n})(1-q^{2(n+1)})}{(1-q^2)^2(1+q^3)}\left(\frac{(1-q^n)(1-q^{n+1})}{(1-q)^2}-\frac{(1+q)}{(1+q^2)}q^n\right)$$

이다. 따라서 다음을 얻을 수 있다.

$$\sum_{k=1}^{n}[k]_{q^2}^2[k]_q^2(-1)^{n-k}q^{3(n-k)}$$
$$=\frac{[n]_{q^2}[n+1]_{q^2}}{[2]_{q^3}}\left([n]_q[n+1]_q-\frac{[2]_q}{[2]_{q^2}}q^n\right)$$

마지막으로 우리는

$$\sum_{k=1}^{n}k^3(-1)^{n-k}=\frac{1}{8}\left[(2n+1)(2m^3+2n+1)+(-1)^n\right] \tag{7.35}$$

의 q-유사를 조사해 보자. 따름정리 5.4.3에 $c=-q^{\frac{3}{2}}$를 대입하면, 다음을 얻을 수 있다.

$$\sum_{k=1}^{n}\frac{(1-q^{2k})}{(1-q^2)}\left(\frac{1-q^k}{1-q}\right)^2(-1)^{n-k}q^{2(n-k)}$$
$$=\frac{(1-q^{-\frac{1}{2}})}{(1-q^4)}\left[\frac{(1+q^{-\frac{1}{2}})}{(1+q)}q^{2n+1}(-1)^{n-1}+\right.$$
$$\left.\frac{(1-q^{2n+1})}{(1+q^{-\frac{1}{2}})(1-q^{-\frac{1}{2}})}\left(\frac{(1-q^n)(1-q^{n+1})}{(1-q)(1+q^{-\frac{1}{2}})}-\frac{(1-q^{-\frac{1}{2}})}{(1+q)}q^n\right)\right] \tag{7.36}$$

(7.36)은 다음과 동치이다.

$$\sum_{k=1}^{n}[k]_{q^2}^2[k]_q^2(-1)^{n-k}q^{2(n-k)}$$
$$=\left[\left(\frac{[2n+1]_q[n]_q[n+1]_q}{[-\frac{1}{2}]_q[\frac{1}{2}]_q[2]_{q^{\frac{1}{2}}}}-\frac{[2n+1]_q}{[-\frac{1}{2}]_q[2]_q}\right)+\frac{[2]_{q^{\frac{1}{2}}}}{[2]_q}q^{2(n+1)}(-1)^{n-1}\right]\frac{[-\frac{1}{2}]_q}{[4]_q}$$

왜냐하면, 따름정리 5.4.3에 $c=-q^{\frac{3}{2}}$를 대입하면, 다음을 얻을 수 있다.

$$\sum_{k=1}^{n}\frac{(1-q^{2k})}{(1-q^2)}\left(\frac{1-q^k}{1-q}\right)^2\left(\frac{(-q^{\frac{3}{2}};q)_{k-1}}{(-q^3/q^{\frac{3}{2}};q)_{k-1}}\right)(-q^{\frac{3}{2}}q^{\frac{1}{2}})^{n-k}$$
$$=\sum_{k=1}^{n}\frac{(1-q^{2k})}{(1-q^2)}\left(\frac{1-q^k}{1-q}\right)^2\frac{(-q^{\frac{3}{2}};q)_{k-1}}{(-q^{\frac{3}{2}};q)_{k-1}}(-q)^{2(n-k)}$$
$$=\sum_{k=1}^{n}\frac{(1-q^{2k})}{(1-q^2)}\left(\frac{1-q^k}{1-q}\right)^2(-q)^{2(n-k)}$$

또한,

$$\frac{(1+q^{\frac{3}{2}}/q)(1-q^{-\frac{1}{2}})(1-q^{-\frac{1}{2}})}{(1+q^{\frac{3}{2}}q^{\frac{1}{2}})(1-q)(1-q^2)}\left[\frac{(1+q^{\frac{3}{2}}/q^2)}{(1+q^{\frac{3}{2}}q^{-\frac{1}{2}})}q^3(-q^{\frac{3}{2}}q^{\frac{1}{2}})^{n-1}+\right.$$

$$\left.\frac{(1-q^{n+\frac{1}{2}})(-q^{\frac{3}{2}};q)_n}{(1-q^{-\frac{1}{2}})(1-q^{\frac{1}{2}})(q^3/-q^{\frac{3}{2}};q)_{n-1}}\left(\frac{(1+q^{\frac{3}{2}}/q^2)}{(1-q)(1+q^{\frac{3}{2}}/q)}-\frac{(1-q^{\frac{1}{2}})}{(1+q^{\frac{3}{2}}/q)(1+q^{\frac{3}{2}}q^{-\frac{1}{2}})}q^n\right)\right]$$

$$=\frac{(1+q^{\frac{1}{2}})(1-q^{-\frac{1}{2}})(1-q^{-\frac{1}{2}})}{(1+q^2)(1-q)(1-q^2)}\left[\frac{(1+q^{-\frac{1}{2}})}{(1+q)}q^{2n-2+3}(-1)^{n-1}+\right.$$

$$\left.\frac{(1-q^{n+\frac{1}{2}})(-q^{\frac{3}{2}};q)_n}{(1-q^{-\frac{1}{2}})(1-q^{\frac{1}{2}})(-q^{\frac{3}{2}};q)_{n-1}}\left(\frac{(1-q^n)(1-q^{n+1})}{(1-q)(1+q^{\frac{1}{2}})}-\frac{(1-q^{\frac{1}{2}})}{(1+q)}q^n\right)\right]$$

$$=\frac{(1-q^{-\frac{1}{2}})}{(1-q^4)}\left[\frac{(1+q^{-\frac{1}{2}})}{(1+q)}q^{2n+1}(-1)^{n-1}+\right.$$

$$\left.\frac{(1-q^{n+\frac{1}{2}})(1+q^{n+\frac{1}{2}})}{(1-q^{-\frac{1}{2}})(1-q^{\frac{1}{2}})}\left(\frac{(1-q^n)(1-q^{n+1})}{(1-q)(1+q^{\frac{1}{2}})}-\frac{(1-q^{\frac{1}{2}})}{(1+q)}q^n\right)\right]$$

$$=\frac{(1-q^{-\frac{1}{2}})}{(1-q^4)}\left[\frac{(1+q^{-\frac{1}{2}})}{(1+q)}q^{2n+1}(-1)^{n-1}+\right.$$

$$\left.\frac{(1-q^{2n+1})}{(1-q^{-\frac{1}{2}})(1-q^{\frac{1}{2}})}\left(\frac{(1-q^n)(1-q^{n+1})}{(1-q)(1+q^{\frac{1}{2}})}-\frac{(1-q^{\frac{1}{2}})}{(1+q)}q^n\right)\right]$$

이고, 따라서

$$\sum_{k=1}^{n}\frac{(1-q^{2k})}{(1-q^2)}\left(\frac{1-q^k}{1-q}\right)^2(-q)^{2(n-k)}$$

$$=\frac{(1-q^{-\frac{1}{2}})}{(1-q^4)}\left[\frac{(1+q^{-\frac{1}{2}})}{(1+q)}q^{2n+1}(-1)^{n-1}+\right.$$

$$\left.\frac{(1-q^{2n+1})}{(1-q^{-\frac{1}{2}})(1-q^{\frac{1}{2}})}\left(\frac{(1-q^n)(1-q^{n+1})}{(1-q)(1+q^{\frac{1}{2}})}-\frac{(1-q^{\frac{1}{2}})}{(1+q)}q^n\right)\right]$$

를 얻기 때문이다. 만약 따름정리 7.4.3에 $c=-q^2$를 대입하면, 다음을 얻을 수 있다.

$$\sum_{k=1}^{n}\left(\frac{1-q^{2k}}{1-q^2}\right)^2\left(\frac{1-q^k}{1-q}\right)^2(-1)^{n-k}q^{\frac{5}{2}(n-k)}$$

$$=\frac{(1+q)(1-q^{-\frac{1}{2}})(1-q^{-\frac{1}{2}})}{(1+q^{\frac{5}{2}})(1-q)(1-q^2)}\left[\frac{2}{(1+q^{\frac{3}{2}})}q^3(-1)^{n-1}(q^{\frac{5}{2}})^{n-1}+\right.$$

$$\left.\frac{(1-q^{n+\frac{1}{2}})(1+q^{n+1})(1+q^n)}{(1+q^{-\frac{1}{2}})(1-q^{\frac{1}{2}})(1+q)}\left(\frac{(1-q^n)(1-q^{n+1})}{(1-q)(1+q)}-\frac{(1-q^{\frac{1}{2}})}{(1+q^{\frac{3}{2}})}q^n\right)\right] \tag{7.37}$$

(7.37)은 다음과 동치이다.

$$\sum_{k=1}^{n}[k]_{q^2}^2[k]_q(-1)^{n-k}q^{\frac{5}{2}(n-k)}$$

$$=\frac{[2]_q[-\frac{1}{2}]_q[\frac{1}{2}]_q}{[2]_{q^{\frac{5}{2}}}[2]_q}\left[\frac{2}{[2]_{q^{\frac{3}{2}}}}q^3(-1)^{n-1}q^{\frac{5}{2}(n-1)}+\right.$$

$$\left.\frac{[2n+\frac{1}{2}]_q[n]_q[n+1]_q[2]_{q^{n+1}}[2]_{q^n}}{[-\frac{1}{2}]_q[\frac{1}{2}]_q[2]_q^2}-\frac{[2n+\frac{1}{2}]_q[\frac{1}{2}]_q[2]_{q^{n+1}}[2]_{q^n}}{[-\frac{1}{2}]_q[\frac{1}{2}]_q[2]_q[2]_{q^{\frac{3}{2}}}}q^n\right]$$

왜냐하면, 따름정리 7.4.3에 $c=-q^2$를 대입하면,

$$\sum_{k=1}^{n}\frac{(1-q^{2k})}{(1-q^2)}\left(\frac{1-q^k}{1-q}\right)^2\left(\frac{(-q^2;q)_{k-1}}{(q^3/q^2;q)_{k-1}}\right)(-1)^{n-k}q^{\frac{5}{2}(n-k)}$$

$$=\sum_{k=1}^{n}\frac{(1-q^{2k})}{(1-q^2)}\left(\frac{1-q^k}{1-q}\right)^2\frac{(-q^2;q)_{k-1}}{(-q;q)_{k-1}}(-1)^{n-k}q^{\frac{5}{2}(n-k)}$$

$$=\sum_{k=1}^{n}\frac{(1-q^{2k})^2}{(1-q^2)^2}\left(\frac{1-q^k}{1-q}\right)^2(-1)^{n-k}q^{\frac{5}{2}(n-k)}$$

이고

$$\frac{(1+q^2/q)(1-q^{-\frac{1}{2}})(1-q^{\frac{1}{2}})}{(1+q^2q^{\frac{1}{2}})(1-q)(1-q^2)}\left[\frac{(1+q^2/q^2)}{(1+q^2q^{-\frac{1}{2}})}q^3(-q^2q^{\frac{1}{2}})^{n-1}+\right.$$

$$\left.\frac{(1-q^{n+\frac{1}{2}})(-q^2;q)_n}{(1-q^{-\frac{1}{2}})(1-q^{\frac{1}{2}})(q^3/-q^2;q)_{n-1}}\left(\frac{(1-q^n)(1-q^{n+1})}{(1-q)(1+q^2/q)}-\frac{(1-q^{\frac{1}{2}})}{(1+q^2q^{-\frac{1}{2}})}q^n\right)\right]$$

$$=\frac{(1+q)(1-q^{-\frac{1}{2}})(1-q^{\frac{1}{2}})}{(1+q^{\frac{5}{2}})(1-q)(1-q^2)}\left[\frac{2}{(1+q^{\frac{3}{2}})}q^3(-1)^{n-1}q^{\frac{5}{2}(n-1)}+\right.$$

$$\left.\frac{(1-q^{n+\frac{1}{2}})(1+q^{n+1})(1+q^n)}{(1-q^{-\frac{1}{2}})(1-q^{\frac{1}{2}})(1+q)}\left(\frac{(1-q^n)(1-q^{n+1})}{(1-q)(1+q)}-\frac{(1-q^{\frac{1}{2}})}{(1+q^{\frac{3}{2}})}q^n\right)\right]$$

이다. 따라서

$$=\sum_{k=1}^{n}\frac{(1-q^{2k})^2}{(1-q^2)^2}\left(\frac{1-q^k}{1-q}\right)^2(-1)^{n-k}q^{\frac{5}{2}(n-k)}$$

$$=\frac{(1+q)(1-q^{-\frac{1}{2}})(1-q^{\frac{1}{2}})}{(1+q^{\frac{5}{2}})(1-q)(1-q^2)}\left[\frac{2}{(1+q^{\frac{3}{2}})}q^3(-1)^{n-1}q^{\frac{5}{2}(n-1)}+\right.$$

$$\left.\frac{(1-q^{n+\frac{1}{2}})(1+q^{n+1})(1+q^n)}{(1-q^{-\frac{1}{2}})(1-q^{\frac{1}{2}})(1+q)}\left(\frac{(1-q^n)(1-q^{n+1})}{(1-q)(1+q)}-\frac{(1-q^{\frac{1}{2}})}{(1+q^{\frac{3}{2}})}q^n\right)\right]$$

를 얻기 때문이다.

■ 주의

(1) 다음 관계식을 얻을 수 있다.

$$\beta_{n,q}^{(k)}=\frac{1}{(1-q)^{n-1}}\sum_{m=1}^{n}\binom{n}{m}(-1)^m\frac{m\ q^{k-2+m}}{(1-q^{-2+m-\frac{n-1}{2}})(1-q^{m-\frac{n-1}{2}})}$$

왜냐하면

$$
\begin{aligned}
&-\sum_{l=0}^{\infty} q^{-l}[l+k]_{q^2} e^{\left([l+k]_q q^{-\frac{l}{2}}\right)t} + \sum_{l=0}^{\infty} q^{k-l}[l]_{q^2} e^{[l]_q q^{\frac{k-l}{2}} t} \\
&= \sum_{l=0}^{k-1} q^{k-l}[l]_{q^2} e^{\left([l]_q q^{\frac{k-l}{2}}\right)t} \\
&= \sum_{l=0}^{\infty}\left(\sum_{l=0}^{k-1} q^{\frac{k-l}{2}(n+2)} [l]_{q^2}[l]_q^n\right)\frac{t^n}{n!} \\
&= \sum_{l=0}^{\infty}\left(n\sum_{l=0}^{k-1} q^{\frac{k-l}{2}(n+1)} [l]_{q^2}[l]_q^{n-1}\right)\frac{t^{n-1}}{n!}
\end{aligned}
$$

이고

$$
\begin{aligned}
\sum_{n=0}^{\infty}\beta_{n,q}^{(k)}\frac{t^n}{n!} &= -t\sum_{l=0}^{\infty} q^{k-l}[l]_{q^2} e^{[l]_q q^{\frac{k-l}{2}} t} = -t\sum_{l=0}^{\infty} q^{k-l}[l]_{q^2}\sum_{n=0}^{\infty}[l]_q^n q^{\left(\frac{k-l}{2}\right)n}\frac{t^{n-1}}{n!} \\
&= -t\sum_{l=0}^{\infty} q^{k-l}[l]_{q^2}\sum_{n=0}^{\infty}\left\{\frac{1}{(1-q)^n}\left(\sum_{m=0}^{n}\binom{n}{m}(-1)^m q^{lm}\right)\right\} q^{\left(\frac{k-l}{2}\right)n}\frac{t^{n-1}}{n!} \\
&= \frac{-t}{1-q^2}\sum_{n=0}^{\infty}\left(\frac{1}{(1-q)^n}\sum_{m=0}^{n}\binom{n}{m}(-1)^m\sum_{l=0}^{\infty} q^{k-l}(1-q^{2l})q^{lm} q^{\left(\frac{k-l}{2}\right)n}\right)\frac{t^n}{n!} \\
&= \frac{-t}{1-q^2}\sum_{n=0}^{\infty}\frac{1}{(1-q)^n}\sum_{m=0}^{n-1}\binom{n}{m}(-1)^m\left\{\frac{(1-q)(q^{-1+m-\frac{n}{2}} q^{k+\frac{n}{2}})}{(1-q^{-1+m-\frac{n}{2}})(1-q^{1+m-\frac{n}{2}})}\right\}\frac{t^n}{n!} \\
&= -t\sum_{n=0}^{\infty}\frac{1}{(1-q)^n}\sum_{m=0}^{n}\binom{n}{m}(-1)^m\left\{\frac{q^{k-1+m}}{(1-q^{-1+m-\frac{n}{2}})(1-q^{1+m-\frac{n}{2}})}\right\}\frac{t^n}{n!} \\
&= -t\sum_{n=1}^{\infty}\frac{1}{(1-q)^{n-1}}\sum_{m=0}^{n-1}\binom{n-1}{m}(-1)^m\left\{\frac{q^{k-1+m}}{(1-q^{-1+m-\frac{n}{2}})(1-q^{1+m-\frac{n}{2}})}\right\}\frac{t^{n-1}}{(n-1)!} \\
&= \sum_{n=1}^{\infty}\frac{1}{(1-q)^{n-1}}\sum_{m=1}^{n}\binom{n}{m}(-1)^m\left\{\frac{m\,q^{k-2+m}}{(1-q^{-2+m-\frac{n-1}{2}})(1-q^{m-\frac{n-1}{2}})}\right\}\frac{t^n}{n!}
\end{aligned}
$$

이기 때문이다.

(2) 다음 관계식을 얻을 수 있다.

$$\beta^*_{n,k,q}(k) = \frac{1}{[2]_q(1-q)^{n-2}} \sum_{m=1}^{n}\binom{n}{m}(-1)^m\left\{\frac{m\, q^{(m-1)k}}{(1-q^{(m-2)-\frac{n-1}{2}})} - \frac{m\, q^{(m+1)k}}{(1-q^{m-\frac{n-1}{2}})}\right\}$$

왜냐하면

$$\sum_{n=0}^{\infty}\beta^*_{n,k,q}(k)\frac{t^n}{n!} = -t\sum_{l=0}^{\infty}q^{-l}[l+k]_{q^2}e^{[l+k]_q q^{\frac{l}{2}}t}$$

$$= -t\sum_{l=0}^{\infty}\left([k]_{q^2}+q^{2k}[l]_{q^2}\right)q^{-l}e^{([k]_q+q^k[l]_q)q^{\frac{l}{2}}t}$$

$$= -te^{[k]_q t}[k]_{q^2}\sum_{l=0}^{\infty}q^{-l}e^{q^k[l]_q q^{\frac{l}{2}}t} - tq^{2k}e^{[k]_q t}\sum_{l=0}^{\infty}[l]_{q^2}q^{-l}e^{q^k[l]_q q^{\frac{-l}{2}}t}$$

이고

$$\sum_{n=0}^{\infty}\beta^*_{n,k,q}(k)\frac{t^n}{n!} = -t\sum_{l=0}^{\infty}q^{-l}[l+k]_{q^2}\sum_{n=0}^{\infty}[l+k]_q^n q^{-\frac{l}{2}n}\frac{t^n}{n!}$$

$$= -t\sum_{l=0}^{\infty}q^{-l}[l+k]_{q^2}\sum_{n=0}^{\infty}\frac{1}{(1-q)^n}\sum_{m=0}^{n}\binom{n}{m}(-1)^m q^{m(l+k)}q^{\frac{-l}{2}n}\frac{t^n}{n!}$$

$$= \frac{-t}{1-q^2}\sum_{n=0}^{\infty}\left(\frac{1}{(1-q)^n}\sum_{m=0}^{n}\binom{n}{m}(-1)^m\sum_{l=0}^{\infty}(1-q^{2(l+k)})q^{-l}q^{m(l+k)}q^{\frac{-l}{2}n}\right)\frac{t^n}{n!}$$

$$= -t\sum_{n=0}^{\infty}\frac{1}{[2]_q(1-q)^{n-1}}\sum_{m=0}^{n}\binom{n}{m}(-1)^m\left\{\frac{q^{mk}}{(1-q^{(m-1)-\frac{n}{2}})} - \frac{q^{(m+2)k}}{(1-q^{(m+1)-\frac{n}{2}})}\right\}\frac{t^n}{n!}$$

$$= -t\sum_{n=1}^{\infty}\frac{1}{[2]_q(1-q)^{n-2}}$$

$$\sum_{m=0}^{n-1}\binom{n-1}{m}(-1)^m\left\{\frac{q^{mk}}{(1-q^{(m-1)-\frac{n-1}{2}})} - \frac{q^{(m+2)k}}{(1-q^{(m+1)-\frac{n-1}{2}})}\right\}\frac{t^{n-1}}{(n-1)!}$$

$$= \sum_{n=1}^{\infty}\frac{1}{[2]_q(1-q)^{n-2}}\sum_{m=1}^{n}\binom{n}{m}(-1)^m\left\{\frac{m\,q^{(m-1)k}}{(1-q^{(m-2)-\frac{n-1}{2}})} - \frac{m\,q^{(m+1)k}}{(1-q^{m-\frac{n-1}{2}})}\right\}\frac{t^n}{n!}$$

이다. 따라서

$$\beta^*_{n,k,q}(k)$$
$$= \frac{1}{[2]_q(1-q)^{n-2}} \sum_{m=1}^{n} \binom{n}{m}(-1)^m \left\{ \frac{m\, q^{(m-1)k}}{\left(1-q^{(m-2)-\frac{n-1}{2}}\right)} - \frac{m\, q^{(m+1)k}}{\left(1-q^{m-\frac{n-1}{2}}\right)} \right\}$$

를 얻기 때문이다.

(3) 또한 다음 식을 얻을 수 있다.

$$\sum_{l=0}^{k-1} q^{\frac{k-l}{2}(n+1)} [l]_{q^2}[l]_q^{n-1} = \frac{\beta^*_{n,k,q}(k) - \beta_{n,k,q}}{n}$$

7.5 3승(Cubes)의 합에 대한 q-유사

S. O. Warnaar이 3승에 대한 합의 q-유사를 계산했다. 이 결과는 Garrett와 Hummel에 의해 주어진 질문의 답변이기도 하다. 다음 연속적인 정수 1부터 n까지 합

$$\sum_{k=1}^{n} k^3 = \binom{n+1}{2}^2$$

이라는 것은 잘 알려져 있다. 최근에 Garrett와 Hummel은 이것에 대한 q-유사의 합을 다음과 같이 발견했다.

$$\sum_{k=1}^{n} q^{k-1} \frac{(1-q^k)^2}{(1-q)^2} \frac{(2-q^{k-1}-q^{k+1})}{(1-q^2)} = \binom{n+1}{2}_q^2 \qquad (7.38)$$

여기서 $\binom{n+1}{2} = \dfrac{(1-q^{n-k+1})(1-q^{n-k+2})\cdots(1-q^k)}{(1-q)(1-q^2)\cdots(1-q^k)}$ 인 q-이항계수이다.

[정리 7.5.1] (7.38)에 대응하는 다음 식이 성립한다.

$$\sum_{k=1}^{n} q^{2(n-k)} \frac{(1-q^k)^2}{(1-q)^2} \frac{(1-q^{2k})}{(1-q^2)} = \binom{n+1}{2}_q^2 \qquad (7.39)$$

증명

$$\binom{n+1}{2}_q^2 - q^2\binom{n}{2}_q^2 = \frac{(1-q^n)^2}{(1-q)^2} \frac{(1-q^{2n})}{(1-q^2)}$$

이므로 식 (7.39)의 n에 대한 수학적 귀납법을 사용하면

$$\binom{n+1}{2}_q^2 - q^2\binom{n}{2}_q^2 = \left(\binom{n+1}{2}_q + q^2\binom{n}{2}_q\right)\left(\binom{n+1}{2}_q - q^2\binom{n}{2}_q\right)$$

$$= \frac{[n+1]_q[n]_q + q[n][n-1]}{[2]_q} \frac{[n+1]_q[n]_q - q[n][n-1]}{[2]_q}$$

$$= \frac{[n]_q\left(\left(\frac{1-q^{n+1}}{1-q}\right)+q\left(\frac{1-q^{n-1}}{1-q}\right)\right)}{[2]_q} \frac{[n]_q\left(\left(\frac{1-q^{n+1}}{1-q}\right)-q\left(\frac{1-q^{n-1}}{1-q}\right)\right)}{[2]_q}$$

$$= \frac{[n]_q\frac{(1-q^n)(1-q)}{1-q}}{[2]_q} \frac{[n]_q\frac{(1+q^n)(1-q)}{1-q}}{[2]_q}$$

$$= [n]_q^2 \frac{\frac{(1+q^n)(1-q^n)}{1-q}}{[2]_q}$$

$$= \frac{(1-q^n)^2}{(1-q)^2} \frac{(1-q^{2n})}{(1-q^2)}$$

이다. 또한

$$\sum_{k=1}^{n} q^{2(n-k)} \frac{(1-q^k)^2}{(1-q)^2} \frac{(1-q^{2k})}{(1-q^2)} = \sum_{k=1}^{n} q^{2(n-k)} \left\{ \binom{k+1}{2}_q^2 - q^2 \binom{k}{2}_q^2 \right\}$$

$$= \sum_{k=1}^{n} \left\{ q^{2(n-k)} \binom{k+1}{2}_q^2 - q^{2n-2(k+1)} \binom{k}{2}_q^2 \right\}$$

$$= \binom{n+1}{2}_q^2$$

이다.

다음 $\sum_{k=1}^{n} k^2 = \frac{1}{6} n(n+1)(2n+1)$의 q-유사는 다음과 같이 주어진다.

$$\sum_{k=1}^{n} q^{2(n-k)} \frac{(1-q^k)}{(1-q)} \frac{(1-q^{3k})}{(1-q^3)}$$
$$= \frac{(1-q)(1-q^{n+1})(1-q^{2n+1})}{(1-q)(1-q^2)(1-q^3)}$$

이며 $\sum_{k=1}^{n} k = \binom{n+1}{2}$의 q-유사는

$$\sum_{k=1}^{n} q^{2(n-k)} \frac{(1-q^k)}{(1-q)} = \binom{n+1}{2}_q$$

이다.

참고문헌

[1] 김태균, 박달원, 박홍경, 임석훈, 유천성, 장이채, 정인철(2004), 비아르키메디언 해석학입문, 교우사.

[2] 김태균, 박달원, 박홍경, 임석훈, 유천성, 장이채(2005), 초월함수개론, 교우사.

[3] Apostol, T(1976), Introduction to analytic number theory, Springer-Verlag, New York.

[4] Bernoulli, J. Ars Conjectandi, Basel, (1713), (Reprinted on pp. 106-286 in Vol. 3 of "Die Werke von Jakob Bernoulli", Birkhauser Verlag, Basel, 1975, See also SMITH D.E. 1, 85-90.

[5] Bernoulli, J.(1899), Wahrscheinlichkeitsrechnung, Leipzig, 1899.

[6] Carlitz, L.(1937), "An analogue of the von Staudt-Clausen theorem", Duke Math. J., 3, 503-517.

[7] Carlitz, L.(1940), "An analogue of the von Staudt-Clausen theorem", Duke Math. J., 7, 62-67.

[8] Carlitz, L.(1941), "An analogue of the Bernoulli polynomials", Duke Math. J., 8, 405-412.

[9] Carlitz, L.(1941), "Generalized Bernoulli and Euler numbers", Duke Math. J., 8, 585-589.

[10] Carlitz, L.(1948), "q-Bernoulli numbers and polynomials", Duke Math. J., 15, 987-1000.

[11] J. Diamond(1977), The p-adic log gamma function and p-adic Euler constants, Trans. Amer. Math. Soc., 233, 321-337.

[12] J. Diamond(1979), On the values of p-adic L-functions at positive integers, Acta Arith., XXXV, 223-237.

[13] Dilcher, K.(2004), "A Bibliography of Bernoulli Numbers", http://www.mscs.dal.ca/~dilcher/bernoulli.html, December 31.

[14] Faulhaber, J.(1631), "Academia Algebrae, Darinnen die miraculosische Inventiones zu den h¨ochsten Cossen weiters continuirt und profitiert werden", Augspurg, bey Johann Ulrich Sch¨onigs.

[15] Garrett, K.C., Hummel, K.A.(2004), "Combinatorial proof of the sum of q-cubes", Electron. J. Combin.11.

[16] Gasper, G., Rahman, M.(1990), "Basic hypergeometric series, Encyclopedia of Mathematics and Its Applications", 35, Cambridge University Press, Cambridge.

[17] Howard, F.T.(1995), Application of a recurrence for the Bernoulli numbers, J. Number Theory, 52, 157-172.

[18] Huang, I.-C., Huang, S.-Y.(1999), Bernoulli numbers and polynomials via residues, J. Number Theory, 76, 178-193.

[19] Goulden, I.P., Jackson, D.M.(2004), Combinatorial enumeration, reprint of the 1983 original, Dover Publications, Inc., Mineola, NY.

[20] Jang, L.C., Kim, T., Lee, D.H., and Park, D.W.(2001), An application of polylogarithms in the analogues of Genocchi numbers, Notes on Number Theory and Discrete Mathematics, 7(3), 65-70.

[21] Khrennikov, A.(1997), Non-Archimedean Analysis: quantum paradoxes, dynamical systems and biological models, Klumer.

[22] Khrennikov, A.(1994), p-adic valued distributions in mathematical physics, Klumer.

[23] Kim, T.(2004), "Sums of powers of consecutive q-integers". Adv. Stud. Contemp. Math., 1, 15-18.

[24] Kim, T.(1994), "An analogue of Bernoulli numbers and their congruences", Rep. Fac. Sci. Engrg. Saga Univ. Math., 22(2), 21-26.

[25] Kim, T.(1994), "On explicit formulas of p-adic q-L-functions", Kyushu J. Math., 48(1), 78-86.

[26] Kim, T.(1999), "On a q-analogue of the p-adic log gamma functions and related integrals", J. Number Theory, 76(2), 320-329.

[27] Kim, T.(2001), "Sums of products of q-Bernoulli numbers", Arch. Math.(Basel) 76(3), 190-195.

[28] Kim, T.(2000), "Remark on p-adic q-L-functions and sums of powers", Proc. Jangjeon Math. Soc., 1, 161-169.

[29] Kim, T.(2001), "Remark on p-adic proofs for q-Bernoulli and Eulerian numbers of higher order", Proc. Jangjeon Math. Soc., 2, 9-15.

[30] Kim, T.(2001), "Some q-Bernoulli numbers of higher order associated with the p-adic q-integers", Proc. Jangjeon Math. Soc., 2, 23-28.

[31] Kim, T.(2001), "A note on p-adic q-Dedekind sums", C. R. Acad. Bulgare Sci., 54(10), 37-42.

[32] Kim, T.(2001), "A note on the solutions for exercise problems of p-adic q-integrals", Proc. Jangjeon Math. Soc., 2, 45-49.

[33] Kim, T.(2002), "Some formulae for the q-Bernoulli and Euler polynomials of higher order", J. Math. Anal. Appl., 273 (1), 236-242.

[34] Kim, T.(2002), "On p-adic q-L-functions and sums of powers", Discrete Math., 252(1-3), 179-187.

[35] Kim, T.(2002), "A note on exploring the sums of powers of consecutive q-integers". Adv. Stud. Contemp. Math., 11(1), 137-140.

[36] Kim, T., Jang, L.C. and Pak, H.K.(2001), A note on q-Euler numbers and Genocchi numbers, Proc. Japan Acad. Ser. A Math. Sci., 77, 139-141.

[37] Kim, T., Rim, S.H., Son, J.W. and Jang, L.C.(2002), On the values of q-analogue of Zeta and L-functions I, Algebra Colloquium, 9(2), 233-240.

[38] Kim, T., Ryoo, C.S., Jang, L.C. and Rim, S.H.(2005), "Exploring the sums of powers of consecutive q-integers", International Journal of Mathematical Education in Science and Technology, 36(6).

[39] Knuth, D.E.(1993), "Johann Faulhaber and sums of powers", Math. Comp., 61, 77-294.

[40] Koblitz, N.(1982), "On Carlitz's q-Bernoulli numbers", J. Number Theory, 14, 332-339.

[41] Rim, S.H., Kim, T., and Ryoo, C.S.(2006), "On the alternating sums of powers of consecutive q-integers", to appear Bull. Korean Math. Soc., 42.

[42] Satoh, J.(1989), "q-analogue of Riemann's ζ-function and q-Euler number", J. Number Theory, 31(3), 346-362.

[43] Schlosser, M.(2004) "q-Analogues of the sums of consecutive integers, squares, cubes, quarts and quints", Elect. J. Comb., 11, #R71.

[44] Shen, Y.-Y.(民國 八十九年七月), "Exploring the sums of powers of consecutive Integers with Mathematica", 東海科學弟2卷, 45-48.

[45] Shen, Y.-Y.(2003), A note on the sums of powers of consecutive integers, Tunghai Science, 5, 101-106.

[46] Warnaar, S.O.(2004), On the q-analogue of the sum of cubes, Electron. J. Combin., 11, #N13.

[47] Woodcock, C.F.(1987), A two variable Riemann Zeta function, J. Number Theory, 27, 212-221.

[48] Woodcock, C.F.(1984), A spectral properties of tame functions on the ring of p-adic integers, J. London Math. Soc., 30, 407-418.

[49] Woodcock, C.F.(1982), A spectral valuation on the ring of p-adic integers, J. London Math. Soc., 25, 223-234.

찾 아 보 기

ㅇ

ㅈ

ㅊ

ㅋ

ㅌ

ㅍ

ㅎ

2

3

D

E

P

Q

R

T

V

저자 약력

김태균 : 장전수리과학연구소 소장
박홍경 : 대구한의대학교 교수
유천성 : 한남대학교 교수
임석훈 : 경북대학교 교수
장이채 : 건국대학교 교수

q-정수의 세계와 그 응용

2006년 9월 5일 초판 인쇄
2006년 9월 11일 초판 발행

저 자 / 김태균 · 박홍경 · 유천성
임석훈 · 장이채
발행자 / 오판근
발행처 / 교우사
주 소 / 서울 동대문구 제기2동 148-19
전 화 / 925-2861, 929-4865
팩 스 / 925-2860
E-mail / kw2861 @ chollian. net
http: // www. kyowoo. co. kr
등록 / 1994. 3. 24 제6-0256호

ISBN 89-8172-636-1 (93410)
값 10,000원